I0417584

APLICAÇÕES DO SISTEMA VETIVER
MANUAL TÉCNICO DE REFERÊNCIA

SEGUNDA EDIÇÃO (a cores)

PAUL TRUONG TRAN TAN VAN ELISE PINNERS

Comprovadas Soluções Verde para o Meio-Ambiente

Traduzido por Paulo R.Rogerio, Eng.Geotecnico,

Este manual é dedicado à memória de

Diti Hengchaovanich

Engenheiro Geotécnico

da

Tailândia.

Ele foi pioneiro no uso da vetiver em grande escala na estabilização de estradas, e por muitos anos foi um contribuidor muito valioso para a Rede Internacional de Vetiver. Diti será lembrado com gratidão por muitos.

2 ª Edição 2008

(a cores)

Publicado pela Rede Internacional de Vetiver

Capa por Lily Grimshaw

APLICAÇÕES DO SISTEMA VETIVER MANUAL TÉCNICO DE REFERÊNCIA

PREFÁCIO

Poucas plantas existentes têm os atributos únicos de múltiplos usos, ambientalmente amigável, eficaz e simples de usar como o capim vetiver. Poucas plantas existentes e conhecidas e que foram utilizadas discretamente ao longo dos séculos, foram subitamente promovidas e amplamente utilizadas em todo o mundo nos últimos 20 anos, assim como capim vetiver. E poucas plantas até agora tem sido idolatradas como Capim Milagre, Capim Maravilha com capacidade para criar uma parede viva, um filtro vivo em linhas de plantas e um reforço "vivo de atirantamento".

O Sistema Vetiver (SV) é dependente do uso de uma planta tropical muito original, capim ou grama vetiver - recentemente reclassificada como *Chrysopogon zizanioides.* A planta pode ser cultivada em uma ampla variedade de condições climáticas e de solo, e se plantado corretamente pode ser usado em praticamente qualquer lugar que seja de clima tropical, semi-tropical e mediterrâneo. Tem características que em sua totalidade são exclusivas de uma única espécie. Quando o capim vetiver é cultivado de uma forma estreita e auto-sustentável, tipo barreira (fileira) viva de plantas ele apresenta características especiais que são essenciais para muitas das diferentes aplicações que compõem o sistema de Vetiver.

As espécies *Chrysopogon zizanioides*, que são promovidas em quase 100 países para aplicações SV, se originam no sul da Índia, é estéril, não invasiva e tem que ser propagada por subdivisões de moitasou touceiras. Geralmente a multiplicação em viveiros de plantas de raízes nuas (raízes descobertas) é o método preferido. A taxa média de multiplicação varia, mas é, normalmente plantada, em um viveiro, após cerca de três meses. Grupos de Berçários são divididos em plantações de mudas com 3 brotos cada, e normalmente plantadas 15 centímetros à parte (distância entre as mudas) e em contornos para além de criar, quando maduras, barreiras rígidas de grama, que funcionam como um pára-choque (amortecedor) e espalhador do fluxo de descida da água dos declives, e um filtro para os sedimentos (resíduos). Uma boa cobertura (barreira) de plantas reduzirá o aguaceiro das chuvas tanto quanto 70% e sedimentos em até 90%. A barreira vai ficar onde está plantada e os sedimentos que se espalham por trás da barreira gradualmente se acumulam para formar um terraço de longa duração com a proteção de vetiver. Uma maneira prática de construir terraços. É um custo muito baixo, de tecnologia de mão-de-obra intensiva (ligada ao custo do trabalho), com um benefício muito alto: índices de custo. Quando usado para obras de proteção civil, o seu custo é cerca de 1/20 dos tradicionais sistemas de engenharia e projetos. Engenheiros comparam a raiz de vetiver com um "Solo Grampeado Vivo", com uma força de tração média de 1/6 de aço leve. Realmente cria um tirante de raízes intercaladas e aprofundadas no solo.

Capim Vetiver pode ser usado diretamente como um produto do lucro de rendimentos agrícolas ou ele pode ser usado para aplicações que irão proteger as bacias hidrográficas contra danos ambientais, especialmente os pontos de origem de problemas ambientais relacionados com: 1. fluxos de sedimentos e 2. excesso de nutrientes, metais pesados e pesticidas filtrados de fontes tóxicas. Os dois principais usos estão intimamente ligados.

Resultados de numerosas experiências e aplicações em massa do capim vetiver nos últimos 20 anos em muitos países, também mostram que a erva é especialmente eficaz na redução de desastres naturais (inundações, deslizamentos de terra, rachaduras de estradas causadas por tempestades, margens de rios, canais de irrigação e erosões costeiras e instabilidade estrutural de retenção da água etc.), Proteção do meio-ambiente (redução de terra e contaminação da água, tratamento de resíduos sólidos e líquidos, melhoria do solo, etc), e muitos outros usos. Todas estas aplicações podem causar um impacto direta ou indiretamente sobre as populações rurais pobres através da proteção ou reabilitação de terras agrícolas, proporcionando maior retenção da umidade e fornecimento direto de rendimentos agrícolas, ou indiretamente através de proteção da infra-estrutura rural.

O Sistema Vetiver pode ser usado pela maioria dos setores rurais envolvidos, tanto de desenvolvimento como em comunidades; a sua utilização deve ser incorporada, quando adequada, em planos de desenvolvimento para a comunidade, bairro ou região. Se todos os sectores utilizarem este plano, existirá então uma oportunidade para os produtores do capim vetiver, pequenos e grandes de se envolverem com o SV como um empreendimento de geração de renda, se é para a produção de material de plantio, ou para a contratação de paisagistas ou engenheiros geotécnicos na estabilização de encostas e outras necessidades, ou subprodutos de venda vetiver tais como artesanato, bagaço, palha, material de forragem e outros. Por isso, (conseqüentemente) é a tecnologia que poderia dar o "pontapé inicial" para uma significativa saída da pobreza para um grande segmento da comunidade. A tecnologia é de domínio público e a informação é grátis.

No entanto, o potencial para o uso do vetiver continua enorme, e conscientização sobre a sua aplicação deve ficar disponível ao público. Além disso, ainda há alguma relutância, a preocupação, mesmo a dúvida sobre os valores e a eficácia do capim vetiver. Na maioria dos casos, a falha no uso do capim vetiver é devido à compreensão inadequada ou aplicações incorretas, não no Sistema de Vetiver em si. Este manual é completo, detalhado e prático. Inspira-se no trabalho de Vetiver em curso no Vietnã e no resto do mundo. Suas observações e recomendações técnicas são baseadas em situações reais de vida, problemas e soluções. O manual deverá ser amplamente utilizado por pessoas que usam e promovem o Sistema Vetiver, e nós esperamos que seja traduzido em muitas línguas. Temos de agradecer aos autores de um trabalho muito bem feito! No Brasil foi traduzido pelo engenheiro geotécnico Paulo R. Rogério, formado na USP e na Universidade da Califórnia, com prática no Brasil e nos Estados Unidos.

O manual foi compilado pela primeira vez nas versões, Vietnamita e Inglesa, mas a oportunidade para a impressão de sua versão vietnamita veio em primeiro lugar, ambas as versões estão sendo publicadas. Há compromissos de traduzir este manual para Chinês, Francês e Espanhol em um futuro próximo, para o Português escrito e falado no Brasil, a tradução foi feita pelo Eng.Geotécnico Paulo R. Rogério.

Dick Grimshaw,
Fundador e Presidente da Rede Internacional de Vetiver

EXPECTATIVA

Com base na análise do grande volume de pesquisas e resultados de aplicação da grama vetiver, os autores sentiram que era hora de compilar (reunir informações disponíveis) uma nova versão para substituir o primeiro manual publicado pelo Banco Mundial (1987), Grama ou Capim Vetiver - Uma Solução Contra a Erosão (vulgarmente conhecido como Livro Verde), preparado por John Greenfield. O novo manual abrangerá uma ampla variedade (série) de aplicações do capim vetiver. Os autores têm trocado idéias e receberam um apoio entusiástico da Rede Internacional de Vetiver- TVNI. As edições Vietnamita e Inglesa serão impressas primeiro.

Este manual combina as aplicações do SV na estabilização da terra e proteção de infra-estrutura, tratamento e eliminação de resíduos e águas poluídas e reabilitação, fitoremediação de áreas contaminadas. Parecido com o Livro Verde, este manual apresenta os princípios e métodos de várias aplicações do SV nos usos acima. Este manual também inclui os mais modernos resultados de P & D para essas aplicações e exemplos de resultados de grande sucesso em todo o mundo. O principal objetivo deste manual é introduzir SV para os planejadores e engenheiros de projeto e outros usuários em potencial, que muitas vezes desconhecem a eficácia da tecnologia biológica e os métodos de fitoremediação.

Paul Truong, Tran Van Tan e Elise Pinners,
Os autores

AUTORES

Dr. Paul Truong

Diretor, da Rede International de Vetiver, responsável pela Ásia região do Pacífico, e Diretor da Consultoria Veticon. Nos últimos 18 anos, ele realizou extensa R & D e aplicações do Sistema Vetiver para fins de proteção ambiental. Sua investigação pioneira sobre tolerância da grama vetiver a condições adversas, tolerância a metais pesados e controle da poluição estabeleceram o valor de referência para aplicação de SV em resíduos tóxicos, reabilitação de minas e tratamento de águas residuais, para o qual ele ganhou vários prêmios do Banco Mundial e do Rei da Tailândia.

Dr. Tran Van Tan

Coordenador da Rede Vetiver no Vietnã (VNVN). Como Vice-Diretor do Instituto Vietnamita de Geociências e de Recursos Minerais (VIGMR) no Vietnã, ele se encarrega de recomendações para a suavização (mitigação) de desastres naturais. Desde que foi introduzido o Sistema Vetiver seis anos atrás, ele se tornou não só um excelente praticante do Sistema Vetiver, mas também um líder estratégico, como coordenador do Sistema Vetiver no Vietnã, agora presente em quase 40 das 64 províncias, promovido pelos diferentes ministérios, ONGs e empresas. Sua introdução dos Sistemas Vetiver começou com a estabilização das dunas costeiras de areia, e agora inclui a suavização (mitigação) de danos causados pelas inundações em margens litorâneas e margens de rios, diques de mar, diques de anti-salinidade e diques fluviais, proteção de encostas e estradas contra a erosão e deslizamentos de terra, e aplicações para suavizar (mitigar) o solo e a poluição da água. Ele foi agraciado com o prestigioso prêmio de "Campeão Vetiver" pela Rede Internacional de Vetiver em 2006 na Quarta Conferência Internacional de Vetiver, em Caracas, Venezuela.

Dra. Elise Pinners

Diretora Associada da Rede Internacional de Vetiver, que começou a trabalhar com Sistemas Vetiver no Noroeste de Camarões no final dos anos noventa, trabalhando em projetos agrícolas e projetos de estradas rurais. Desde sua chegada ao Vietnã em 2001, como consultora para VNVN ela contribuiu para o desenvolvimento e promoção de VNVN no Vietnã e internacionalmente, fornecendo consultoria organizacional, suporte a angariação de fundos, e pela introdução de SV para os mundialmente renomados engenheiros costeiros holandeses. Ela Participou da implementação do primeiro projeto VNVN, financiado pela Embaixada Real da Holanda, sobre a estabilização de dunas costeiras e outras aplicações em Quang Binh e Da Nang. No último ano e meio trabalhou para Consultoria Internacional Agroalimentar (ACI), em Hanói. Mudando-se para o Quênia no Verão de 2007, ela pretende continuar na sua contribuição para a promoção e desenvolvimento do Sistema de Vetiver.

Embora todos os três autores contribuíram para a redação e edição de todas as cinco partes do manual, os autores principais são: Parte 1,2 e 4 - Paul Truong, Parte 3 - Tran Van Tan e Parte 5 - Elise Pinners.

AGRADECIMENTOS

A Rede Internacional de Vetiver do Vietnã deseja agradecer à Embaixada Real da Holanda pelo patrocínio da preparação e publicação deste Manual. VNVN também agradece a Universidade de Recursos Hídricos de Hanói por apoiar e promover a publicação da edição vietnamita.

A maioria dos trabalhos de P & D no Vietnã relatados neste manual receberam apoio financeiro da Fundação William Donner, a Fundação Genética Wallace dos E.U.A, a Companhia Financeira Confiança Ambertone do Reino Unido, o Governo Dinamarquês, a Embaixada Real da Holanda e a Rede Internacional Vetiver. Estamos muito gratos por seu apoio e incentivo.

VNVN reconhece o tipo de suporte da Universidade Can Tho, em particular, o Professor, Reitor Le Quang Minh, a Universidade Agro-Florestal da Cidade de Ho Chi Minh, o Ministério de Recursos Naturais e Meio-Ambiente, e especialmente a União das Associações de Ciência e Tecnológica do Vietnã (VUSTA), que organizou a avaliação da versão Vietnamita deste Manual.

VNVN também aprecia o apoio e incentivo entusiástico de todos os praticantes de vetiver nas províncias.

Os materiais utilizados neste manual foram elaboradas (desenhados) não só de P & D de obras dos autores, mas também dos colegas de vetiver em todo o mundo, notavelmente do Vietnã nos últimos anos. Os autores agradecem as contribuições de:

- Austrália: Cameron Smeal, Ian Percy, Ralph Ash, Frank Mason, Barbara e Ron Hart, Errol Copley, Bruce Carey, Darryl Evans, Clive Knowles-Jackson, Bill Steentsma, Jim Klein e Peter Pearce
- China: Liyu Xu, Hanping Xia, Liao Xindi, Wesheng Shu
- Congo: (RDC) Dale Rachmeler, Alain Ndona
- Índia: P. Haridas
- Indonésia: David Booth
- Laos: Werner Stur
- Mali, Senegal e Marrocos: Criss Juliard
- Holanda: Henk-Jan Verhagen
- Filipinas: Eddie Balbarino, Noah Manarang
- África do Sul: Roley Nofke, Johnnie Van Den Berg
- Taiwan: Yue Wen Wang
- Tailândia: Narong Chomchalow, Diti Hengchaovanich, Surapol Sanguankaeo, Suwanna Parisi, Reinhardt Howeler, Ministério do Desenvolvimento Agrário, Conselho Real de Projetos e Desen volvimento
- Brasil: Paulo R.Rogerio, PE –Engenheiro Geotécnico
- A Rede Internacional de Vetiver: Dick Grimshaw, John Greenfield, Dale Rachmeler, Criss Juliard, Pease Mike, Joan e Jim Smyle, Mark Dafforn, Bob Adams.
- Vietnã:
    - Centro de Extensão de Agricultura, Departamento de Agricultura e Desenvolvimento Rural, Province de Quang Ngai: Vo Thanh Thuy;
    - Universidade de Can Tho: Le Viet Dung, Luu Thai Danh, Le Van Be, Nguyen Van Mi, Le Thanh Phong, Duong Minh, Le Van Hon;
    - Universidade Agro-Florestal da Cidade de Ho Chi Minh: Pham Hong Duc Phuoc, Le Van Du;
    - Kellogg Brown Root (KBR), principal empreiteiro da AusAID projeto financiado para suavização (mitigação) de desastres naturais na província de Quang Ngai: Ian Sobey;
    - Thien An Sinh e Thien An Co. Ltd, principais empreiteiros para plantar o capim vetiver ao longo da estrada de Ho Chi Minh: Tran Ngoc Lam e Nguyen Tuan Lam An.
    - Os autores também agradecem a Mary Wilkowski (Havaí VN), John Greenfield e Dick Grimshaw pela sua edição em Inglês e a Paulo R. Rogério, PE (Brasil) pela edição em Português. (Brasil)

CONTEÚDO

Este manual tem cinco partes distintas. É possível usar apenas uma parte para um grupo específico de aplicações, mas é altamente recomendável sempre incluir a Parte 1, já que as outras partes frequentemente referem-se as características de Vetiver, que são relevantes para diferentes aplicações. Na maioria dos casos, é útil também incluir a parte 2.

Parte 1: A Planta Vetiver

Parte 2: Métodos para propagar (difundir) Vetiver

Parte 3: Sistema Vetiver de Mitigação (Suavização) de Desastre e proteção de infra-estrutura

Parte 4: Sistema de prevenção e tratamento da água e terreno contaminado

Parte 5: Sistema Vetiver de controle da erosão em terras agrícolas e outros usos

Para obter mais detalhes até a data em qualquer dos tópicos (assuntos) deste manual, por favor entre no site www.vetiver.org, que tem numerosas ligações a todos os temas relevantes.

PARTE 1
A PLANTA VETIVER

CONTEÚDO

1. INTRODUÇÃO

O Sistema Vetiver (SV), que é baseado na aplicação do capim vetiver (Vetiveria Zizanioides L Nash, agora reclassificado como *Chrysopogon zizanioides* Roberty L), foi desenvolvido pelo Banco Mundial para a conservação do solo e da água na Índia em meados de 1980.

Embora esta aplicação ainda desempenha um papel vital na gestão de terras agrícolas, P & D realizados nos últimos 20 anos demonstrou claramente que, devido às características extraordinárias do capim vetiver, SV pode agora ser utilizado como uma técnica de bioengenharia para estabilização de ravinas erodidas e em encostas, saneamento de águas residuais, fito-remediação de solos e águas contaminadas, e outros fins de proteção meio-ambiental.

O que faz o Sistema Vetiver trabalhar e como ele funciona?

SV é uma manutenção muito simples, prática, barata, de baixa manutenção e um meio muito eficiente de conservação do solo e da água, no controle de sedimentos, na estabilização e reabilitação de terras, e em fito-remediação. Uma existência vegetativa também é amiga do ambiente. Quando plantados em fileiras simples as plantas de vetiver formarão uma cobertura (barreira) o qual é muito eficaz em retardar e espalhar o escoamento da água, reduzindo a erosão do solo, conservação da umidade do solo e de segurar os sedimentos (resíduos) e produtos agrícolas químicos no local. Embora qualquer barreira (cobertura) de planta pode fazer isso, o capim vetiver, devido às suas características morfológicas e fisiológicas únicas e extraordinárias mencionadas a seguir, pode fazê-lo melhor do que todos os outros sistemas testados. Além disso, a grande profundidade de seu grosso e massivo sistema vetiver de raízes liga-se ao solo e, ao mesmo tempo torna muito difícil de ser desalojado debaixo de fluxos de água em alta velocidade. Este sistema bem profundo de raízes, e de rápido crescimento também faz com que o sistema vetiver se torne muito tolerante à seca e altamente adequado para estabilização de despenhadeiros em encostas.

O Manual de Extensão dos Trabalhadores, ou o Pequeno Livro Verde

Complementando este manual técnico está o pequeno livro verde de bolso de Extensão dos Trabalhadores, publicado pela primeira vez pelo Banco Mundial em 1987, Capim Vetiver- uma proteção contra a erosão, ou, mais comumente conhecido "livrinho verde", de John Greenfield. Este presente manual é muito mais técnico em sua descrição do Sistema Vetiver e é dirigido a técnicos, acadêmicos, urbanistas e funcionários do governo e proprietários de terra. Para o agricultor e o trabalhador de extensão no campo o pequeno livro verde que pode caber no bolso da camisa ainda é o manual de campo ideal.

2. CARACTERÍSTICAS ESPECIAIS DO CAPIM VETIVER

2.1 Características morfológicas:

- Capim Vetiver não possui rizomas.Seu sistema radicular maciço finamente estruturado que pode crescer muito rápido, em algumas aplicações, a profundidade de enraizamento no primeiro ano pode chegar a 3-4m. Este sistema radicular profundo faz da planta vetiver extremamente tolerante à seca e difícil de desalojar-se pela forte correnteza.

- Caules eretos e duros, o qual podem enfrentar um fluxo de água relativamente profundo - foto 1.
- Alta resistência a pragas, doenças e incêndios - foto 2.
- Uma cobertura densa é formada quando plantadas juntas agindo como um filtro de sedimentos muito eficaz e espalhador da água.
- Brotos novos desenvolvem-se da coroa subterrânea fazendo de vetiver resistente ao fogo, geada, tráfego e pressão de pastagem pesada.
- Novas raízes crescem a partir de nós quando enterrada por sedimentos capturados. Vetiver continuará a crescer com o lodo depositado eventualmente formando terraços, se os sedimentos presos não forem removidos.

Foto 1: Caules rígidos e eretos, formam uma cobertura densa quando plantadas bem próximas.

2.2 Características fisiológicas

- Tolerância a extremas variações climáticas como secas prolongadas, inundações, submersões
- e temperaturas extremas de -15 'C a +55' C.
- Habilidade para voltar a crescer muito rapidamente depois de ter sido afetadas por secas, geadas, salinidade e condições adversas depois que o tempo melhore ou potenciadores de solo são adicionados.
- Tolerância à ampla faixa de pH no solo de 3,3 a 12,5 sem alteração do mesmo.
- Alto nível de tolerância a herbicidas e pesticidas.
- Altamente eficiente absorvendo nutrientes dissolvidos, tal como N e P e metais pesados, água poluída.
- Altamente tolerante ao crescimento médio elevado de acidez, alcalinidade, sodicidade e magnésio.
- Altamente tolerante a Al, Mn e metais pesados como As, Cd, Cr, Ni, Pb, Hg, Se e Zn nos solos.

2.3 Características ecológicas

Apesar da vetiver ser muito tolerante em alguns solos de extremas condições climáticas acima mencionadas, como gramíneas tropicais típicas, a vetiver é intolerante a sombras. O sombreamento reduzirá seu crescimento e, em casos extremos, pode até eliminar o sistema vetiver a longo prazo. Portanto vetiver cresce melhor em ambiente aberto e livre de ervas daninhas, o controle a plantas daninhas deve ser necessário durante a fase de estabelecimento. Em terras instáveis ou erodíveis, Vetiver primeiro reduz a erosão, estabiliza a erosão do solo (especialmente despenhadeiros de encostas), em seguida, por causa dos nutrientes e conservação da umidade, melhora o seu micro-ambiente para que outras plantas semeadas ou voluntárias possam estabelecer-se mais tarde. Devido a estas características a vetiver pode ser considerado como uma planta enfermeira (protetora) em áreas degradadas

Foto 2: Capim Vetiver sobreviventes de incêndios florestais (esquerda) e dois meses depois do fogo (à direita).

Foto 3: Em dunas costeiras de areia em Quang Binh (esquerda) e a solo salino na Província de Go Cong (direita).

Foto 4: Em solo de extrema concentração de sulfato ácido em Tan An (esquerda)e alcalinos e solo sódico em Ninh Thun (direita).

2.4 Tolerância ao tempo frio do capim vetiver

Apesar de Vetiver ser uma gramínea tropical, que pode sobreviver e prosperar em condições extremamente frias, sob clima gélido seu crescimento superior morre ou se torna dormente e de cor 'roxa' em condições (situações) de geada, porém seus pontos de crescimento no subsolo sobrevivem. Na Austrália, o crescimento do capim vetiver não foi afetado por uma geada severa de -14 'C e sobreviveu por um curto período a -22 "C (-8' F) no norte da China. Na Geórgia (E.U.A.), o capim vetiver sobreviveu a uma temperatura no solo de -10 'C mas não a -15'C. Uma pesquisa recente mostrou que uma temperatura de 25'C no solo era ótima para o crescimento da raiz, porém as raízes de vetiver continuaram a crescer a uma temperatura de 13'C. Embora o crescimento dos brotos muito pouco ocorrerão em uma faixa de temperatura do solo de 15'C (dia) e em uma faixa de temperatura de 13'C o crescimento das raízes continuaram a crescer em uma taxa (proporção) de 12.6cm por dia, indicando que o capim vetiver não estava adormecida, a esta temperatura e extrapolação sugeriu que a dormência raiz ocorreu em cerca de 5 ° C (Fig.1).

Figura 1: O efeito da temperatura do solo sobre o crescimento da raiz de vetiver.

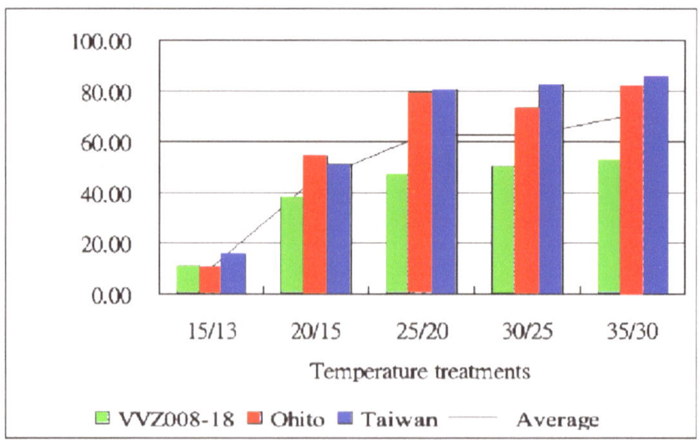

2.5 Resumo de alcance a adaptabilidade

O resumo vetiver de alcance a adaptabilidade é mostrado na tabela 1.

Tabela 1: Faixas de alcance a adaptabilidade do capim vetiver, na Austrália e outros países.

Condicoes caracteristicas	Australia	Outras regioes
Condições adversas do solo		
Acidez (pH)	3.3-9.5	4.2-125 (Elevado nivel de solubilidade)
Salinidade (50% reduçâo produtivi dade)	17.5 mScm[1]	
Salinidade (so breviveram)	47.5 mScm[1]	
Niveis de alumion (Sat.%)	Entre 68%-87%	
Niveis de mangarês	>578 mgkg[1]	
Sodicidade	48% (troca de nitrogênio)	
Managanês	2400 mgkg[1]	
Fertilizante	NeP	NeP, estercode gaob
Vetiver podeser estabelecido em solo muito intertil devido a sua forte associaçâo com microoganismos	(300 kg/ha DP)	
Metaispesados		
Arsênico (As)	100-250 mgkg[1]	
Cademio (cd)	20 mgkg[1]	
Cobre (Cu)	35-50 mgkg[1]	
Cromo (Cr)	200-600 mgkg[1]	
Niguel (Ni)	50-100 mgkg[1]	
Mercurio (Hg)	>6 mgkg[1]	
Chumbo (Pb)	>1500 mgkg[1]	
Selenio (Se)	74 mgkg[1]	
Zinco (Zn)	750 mgkg[1]	
Localizaçâo Sul	15°Sa37^{O}S	41°N-38°S
Clima		
Precipitaçâoanual	450-4000	250-5000
Geada	-11°C	-22°C
Onda decalor	45°C	55°C
Seca (semchuvaeficaz)	15 meses	
Probabilidade	Vacas leiteiras, gaob, cavalos, coelhoseovelhas	Vacas leiteiras, caprinos, ovinos, suinos, campas
Valor nutricional	N=1.1%	Proteira bruta 3.3%
	P=0.17%	Gordua bruta 0.4%
	K=2.2%	Fibras bruta 7.1%

Genótipos: VVZ008-18, Ohito, e Taiwan, os dois últimos são basicamente a mesmos sob a luz do sol. Temperaturas de tratamento: 15ºC dia /13ºC noite. (PC: Y.W. Wang)

2.6 Características genéticas

Três espécies de vetiver são utilizadas para fins de proteção ambiental.

2.6.1 Vetiveria Zizanioides L reclassificados como Chrysopogon zizanioides L.

Há duas espécies de vetiver originárias do subcontinente Indiano: *Chrysopogon zizanioides* e *Chrysopogon lawsonii*. *Chrysopogon zizanioides* tem muitos acessos diferentes. Geralmente as do sul da Índia foram cultivadas e têm grandes e fortes sistemas de raízes. Estes acessos tendem à poliploidia e apresentam níveis elevados de esterilidade e não são considerados invasivos. As dos acessos do norte da Índia, muito comum nas bacias do Ganges e do Indo, são selvagens e têm fraco sistema de raízes. Estes acessos são diplóides e são conhecidos por serem invasoras, embora não são necessariamente invasivas. Estes acessos do norte da Índia não são recomendados no âmbito do Sistema Vetiver. Deve-se notar também que a maioria das pesquisas em diferentes aplicações de vetiver e experiência de campo envolveram os cultivares do sul da Índia que estão estreitamente relacionadas (mesmo genótipo) como Monto e Luz do Sol. Estudos de DNA confirmam que cerca de 60% de *Chrysopogon zizanioides* utilizadas para bio-engenharia e fitoremediação em países tropicais e subtropicais são de genótipo Monto / e Luz de Sol.

2.6.2 Chrysopogon nemoralis

Esta espécie nativa de vetiver são largas e amplas nas montanhas da Tailândia, Laos e Vietnã e mais provável no Camboja e Myammar também. Ela está sendo amplamente utilizada na Tailândia como telhado de palha. Esta espécie não é estéril, as principais diferenças entre *C. nemoralis* e *C. zizanioides*, são que a última é muito mais alta e tem caules mais espessos (grossos) e rígidos, *C. zizanioides* tem um sistema radicular (sistema de raízes) muito mais espesso e profundo e suas folhas são mais amplas e tem uma área de cor verde ao longo do meio das faixas (costelas), como mostrado nas fotos abaixo - fotos 5-8.

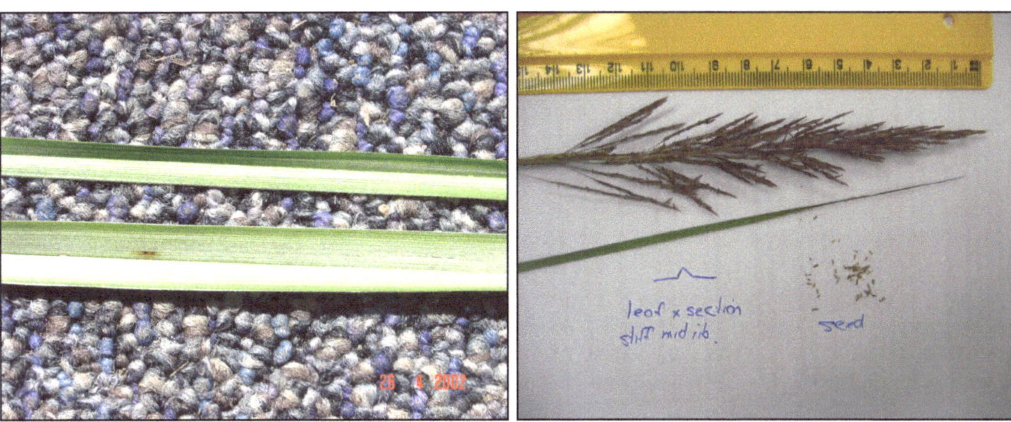

Foto 5: Folhas de Vetiver: ***C. zizanioides*** *(esquerda) e* ***C. Nemoralis*** *(direita)*

Foto 6: Brotos de ***Vetiver: C. nemoralis*** *(esquerda) e C. zizanioides (direita).*

*Fotos 7: Diferença entre as raízes **C. zizanioides** (em cima) e C. nemoralis (em baixo).*

Foto 8: Raízes de Vetiver no solo (esquerda e centro) e, quando cultivada flutuada na água (à direita).

Embora *C. nemoralis* não seja tão eficaz quanto *C. zizanioides*, os agricultores também têm reconhecido a utilidade da *C. nemoralis* na conservação do solo, pois eles a usaram no Planalto Central, bem como em algumas províncias costeiras do centro do Vietnam, como Quang Ngai para estabilizar os diques em campos de arroz - foto 9

Foto 9: C. Nemoralis no dique de um campo de arroz em Quang Ngai (esquerda) e na natureza selvagem - Planalto Central (direita).

2.6.3 Chrysopogon nigritana

Esta espécie é nativa da África Austral e Ocidental, e a sua aplicação é principalmente restrita ao sub-continente, e como ela produz sementes viáveis a sua aplicação deveria ser restringida à sua terra de origem (Figura 10).

Foto 10: ***Chrysopogon nigritana*** *em Mali, na África Ocidental.*

2.7 Potencial como erva daninha

Os cultivares do capim Vetiver derivados dos acessos do sul indiano não são agressivos, porque eles não produzem rizomas, e têm de ser estabelecidos vegetativamente por subdivisões de raízes (coroas). É imperativo que todas as plantas usadas para fins da bioengenharia não se tornem uma erva daninha no ambiente local e, portanto os estéreis cultivares de vetiver (como Monto, Sunshine, Karnataka, Fiji e Madupatty) dos acessos do sul indiano são ideais para esta aplicação. Em Fiji, onde a grama vetiver foi introduzida como telhado de palha mais de 100 anos atrás, tem sido amplamente utilizada para o solo e fins de conservação da água na indústria do açúcar há mais de 50 anos, sem demonstrar qualquer sinal de invasão. A grama Vetiver pode ser destruída facilmente, tanto por pulverização com glifosato (Roundup) ou através do corte da planta abaixo da coroa.

3. CONCLUSÃO

Devido às baixas formas de crescimento da planta C.Nemoralis e mais importante, seu sistema radicular muito curto, esta planta não é adequada para ser usada em obras de estabilização de despenhadeiros nas encostas. Além disso, nenhuma pesquisa foi realizada para seu uso em eliminação e tratamento de esgotos, e capacidades de fitoremediação, recomenda-se que apenas a planta C. Zizanioides deva ser utilizada para aplicações mencionadas neste manual.

4. REFERÊNCIAS

Adams, R.P., Dafforn, M.R. (1997). Impressões digitais de DNA (RAPDs) da gramínea pantropical, Vetiveria zizanioides L, revelam um único clone, "Luz do Sol", é amplamente utilizada para controle da erosão. Papel especial, A Rede de Vetiver, Leesburg Va, E.U.A..

Adams, R.P., M. Zhong, Y. Turuspekov, MR Dafforn e JFVeldkamp. 1998. Decodificação do DNA revela a natureza clonal de Vetiveria zizanioides (L) Nash, Gramineae e potenciais fontes de novos germoplasmas Molecular Ecology 7:813-818.

Greenfield, J.C. (1989). Capim Vetiver: Uma planta ideal para a vegetação do solo e conservação da umidade. ASTAG - O Banco Mundial, Washington, DC, E.U.A..

National Research Council. 1993. Capim Vetiver: uma fina linha verde contra a erosão. Washington, D.C.: Academia National de Impresa. 171 pp.

Purseglove, J.W. 1972. Colheitas Tropicais: Monocotyledons 1. Nova York: John Wiley & Sons.

Truong, P.N. (1999). Tecnologia do Capim Vetiver para a estabilização do solo, erosão e controle de sedimentos na região da Ásia-Pacífico. Proc. Primeira Conferência Asia-Pacifico de Bioengenharia da Terra e da Água para Controle de Erosão e Estabilização de Encostas. Manila, Filipinas, Abril de 1999.

Veldkamp. J.F. 1999. Uma revisão de Chrysopogon Trin. incluindo Vetiveria Bory (Poaceae) na Tailândia e na Melanésia, com notas sobre outras espécies da África e Austrália. Austrobaileya 5: 503-533.

PARTE 2
MÉTODOS PARA A PROPAGAÇÃO DO SISTEMA VETIVER

CONTEÚDO

1. INTRODUÇÃO

Como a maioria das principais aplicações requer um grande número de plantas, a qualidade do material de plantio é importante na aplicação bem sucedida do Sistema Vetiver (SV). Isso requer viveiros (berçários) capazes de produzir grandes quantidades de mudas de alta qualidade, e baixo custo. A utilização exclusiva apenas de cultivares estéreis de vetiver (C. Zizanioides) impedirá a erva daninha de vetiver de estabelecer-se num novo ambiente. Testes de DNA provam que a cultivo estéril de vetiver utilizado em todo o mundo é geneticamente semelhante aos cultivares Luz do Sol e Monto, sendo que ambos são originários do sul da Índia. Dada a sua esterilidade, esta planta de vetiver deve ser propagada (difundida) vegetativamente.

2. BERÇÁRIOS (VIVEIROS) DE VETIVER

Viveiros fornecem materiais de estoque para propagação vegetativa e da cultura de tecidos de vetiver. Os critérios a seguir irão facilitar o estabelecimento da produção, viveiros de vetiver facilmente de ser gerenciados.

- Tipo de solo: Viveiros de argila arenosa garantem uma colheita fácil e danos mínimos no plantio de coroas (copas) e raízes. Apesar do barro de argila ser aceitável, argila gorda não é aceitável.
- Topografia: Terreno ligeiramente inclinado evita o encharcamento em caso de regar a planta em excesso, que freará o crescimento de mudas jovens (a água deve ser monitorada para evitar encharcamento). A planta de vetiver madura, no entanto, prospera sob condições de alagamento.
- Sombreamento: Espaço aberto é recomendável, já que o sombreamento afeta o crescimento da planta vetiver. Áreas parcialmente sombreadas são aceitáveis. Vetiver é uma planta C4 e gosta muito de sol.
- Plantação: As mudas de vetiver devem ser plantadas em longas, claras linhas por toda a (lado a lado) encosta (talude) para a uma fácil colheita mecânica.
- Método de colheita: Colheita de plantas maduras podem ser realizadas, mecanicamente ou manualmente. A máquina deve arrancar o material maduro 20-25 centímetros (8-10") abaixo do solo. Para evitar danos à coroa da planta use um arado ou uma única lâmina de arado de discos com ajuste especial.
- Método de irrigação: irrigação por aspersão irá distribuir uniformemente a água nos primeiros meses após o plantio.

Irrigação por inundação também será bem vinda às plantas mais maduras.

- Treinamento operacional pessoal: Uma equipe bem treinada é essencial para o sucesso do berçário (Viveiro).
  - Plantadora mecânica: Um plantador de mudas modificadas ou transplantador mecânico pode plantar um grande número de mudas de vetiver em um berçário (viveiro).
  - Disponibilidade de máquinas agrícolas: Máquinas agrícolas de base são necessárias para preparar viveiros, controlar plantas daninhas, cortar a grama, e a colheita de vetiver.

Foto 1: Máquinas de plantio (esquerda) e plantação manual (direita).

3. MÉTODOS DE PROPAGAÇÃO

As quatro formas comuns de propagar vetiver são:

- Separando mudas maduras das touceiras de vetiver ou plantas-mãe, que produzem mudas de raízes nuas (despidas) para o plantio imediato ou propagação de polybags.
- Usando várias partes de uma planta vetiver mãe
- Multiplicação de brotos in vitro ou micropropagação para a propagação em grande escala
- Cultura de tecidos, utilizando uma pequena parte da planta para a propagação em larga escala.

3.1 Dividindo as plantas maduras para a produção de mudas de raízes nuas

Dividindo os brotos a partir de uma touceira mãe exige cuidados, de modo que cada muda inclua pelo menos dois ou três brotos e uma parte da coroa. Após a separação, as mudas devem ser cortadas a 20 cm (oito "de comprimento) (Figura 1). A muda da raiz nua resultante pode ser mergulhada em vários tratamentos, incluindo hormônios de enraizamento, esterco (estrume) (de vaca ou de cavalo), lama de argila, ou simplesmente piscinas de água rasa, até aparecer novas raízes. Para um crescimento mais rápido as mudas devem ser mantidas em condições úmidas (molhadas) e ensolaradas até a plantação, - Foto 2

Figura 1: Como dividir ou separar as mudas de vetiver

3.2 Reprodução (propagação) de vetiver a partir de partes da planta

Três partes da planta vetiver são utilizadas para a reprodução (propagação) - fotos 3 e 4:

- Raiz ou brotos.
- Coroa, a parte mais difícil da planta entre os brotos e as raízes.
- Caules ocos (Colmos)

Um colmo é o tronco ou caule da grama (capim). O caule oco (colmo) de vetiver é sólido, duro (denso) e rígido; que tem nós

Foto 2: Mudas de raízes à mostra prontas para o plantio (esquerda) e sendo mergulhado nalamd ou caldd de esterco conhecidocom "chat de vacd" (direita)

proeminente com botões (embriões) laterais que podem formar raízes e brotos quando expostos a condições de umidade. Deitado ou em pé, cortar os pedaços de caules ocos (colmos) sob neblina ou na areia umedecida fará com que raízes ou brotos se desenvolvam rapidamente em cada nó. Le Van Du da Universidade Agro-Florestal da Cidade de Ho Chi Minh desenvolveu o seguinte método de quatro etapas para reprodução (multiplicação) das mudas de vetiver:

- Preparar as mudas de vetiver.
- Pulverizar as mudas com 10% de solução de aguapé.
- Utilize sacos plásticos para cobrir os cortes completamente, e deixá-los sozinhos por 24 horas.
- Mergulhe na lama de argila ou na lama de esterco (estrume) e plante em um bom berçário.

3.2.1 Preparação das mudas de vetiver

Caules ocos (Colmos) de Vetiver:

Selecione os colmos mais velhos, que têm os brotos mais maduros e que tenha mais nós do que os mais jovens. Corte os caules (colmos) em 30-50mm comprimentos, incluindo 10-20mm abaixo dos nós, e retire (descasque) a cobertura (capa) velha da folha. Espere novos brotos surgirem cerca de uma semana após o plantio.

Brotos de Vetiver:

- Selecione brotos maduros com pelo menos três ou quatro folhas bem desenvolvidas.
- Separe os brotos com cuidado, e não se esqueça de incluir as bases e algumas raízes.

Coroa ou brotos de vetiver:

A coroa (rizomas) é a base de uma planta vetiver madura a partir do qual brotam novos brotos (novos rebentos). Use apenas a parte superior da coroa madura.

Foto 3: Brotos Velhos (esquerda) e brotos jovens (à direita).

Foto 4: Coroa ou brotos (rebentos) de Vetiver (esquerda) e pedaços de caules (colmos)vetivercom nós (à direita).

3.2.2 Preparação da solução de água solução de aguapé.

Solução de água de aguapé contém muitos hormônios e reguladores de crescimento, incluindo acido giberélico e muitos compostos Indóis Acéticos (IAA). Como preparar o hormônio de enraizamento de Água Aguape:

- Remover plantas de aguapé de lagos ou canais
- Coloque as plantas em um saco plástico de 20 litros, e amarre bem fechado
- Deixar a planta no saco por cerca de um mês até o material vegetal ser decomposto.
- Peneire a solução e conserve em um lugar fresco até o uso.

3.2.3 Tratamento e plantação

Foto 5: Pulverização dos recortes com 10% de solução de água aguape de (esquerda) e cobrir os recortes completamente com sacos plásticos, e deixá-los durante 24 horas (direita).

3.2.4 Vantagens do uso de mudas de raízes nuas (despidas) e mudas de caules ocos (colmos)

Vantagens:

- Eficiente, econômica e uma maneira rápida de preparar o material de plantio.
- Pequenos volumes resulta em um menor custo de transporte.
- Fácil de plantar com a mão.
- Grandes quantidades podem ser mecanicamente plantados em grandes áreas.

Desvantagens:

- Vulneráveis a secagem e temperaturas extremas.
- Limitada no tempo de armazenamento local.
- Requere-se que a plantação seja feita em solo úmido.
- Necessidades de irrigação freqüentemente nas primeiras semanas.
- Recomendado para viveiros de boa localização, com fácil acesso à irrigação.

3.3 Multiplicação de brotos ou micro propagação

Dr. Le Van Be da Universidade de Can Tho, Cidade de Can Tho, Vietnã, desenvolveu um método muito prático e simples de multiplicar seus brotos (Le Van Seja et al, 2006). Seu protocolo consiste de quatro fases de micro-propagação, tudo em

Foto 6: Planta com esterco (adubo), em um canteiro bem preparado.

meio líquido:

- Induzindo o desenvolvimento de brotos laterais.
- Multiplicando novos brotos.
- Promover o desenvolvimento das raízes em novos brotos (rebentos).
- Fomentar o crescimento em uma casa com sombras ou estufa.

3.4 Cultura de tecidos

A cultura de tecidos é uma outra maneira de propagar o plantio dos materiais de vetiver em quantidade, que utiliza tecidos especiais (ponta da raiz, inflorescência da flor jovem, nós de tecidos dos brotos) da planta vetiver. O procedimento é freqüentemente usado pela indústria internacional de horticultura. Embora os protocolos de laboratórios individuais diferem, a cultura de tecidos envolve um pedaço muito pequeno de tecido, crescendo em um meio especial, sob condições assépticas, e plantar as pequenas mudas resultantes em um meio adequado, até que sejam totalmente desenvolvidas em pequenas plantas. Mais detalhes são encontrados em Truong (2006).

4. PREPARAÇÃO DO MATERIAL DE PLANTIO

Para aumentar a taxa de estabelecimento em condições hostis, quando as mudas produzidas pelos métodos acima são maduras o suficiente ou as mudas de raízes nuas estiverem prontas, elas podem ser preparadas para o plantio por:

- polybags ou estoque-de-tubos.
- plantação da muda.

4.1 Polybags ou estoque de tubos

Mudas e mudas de raízes nuas (despidas) são plantadas em vasos pequenos ou pequenos sacos de plástico. Contendo no vaso ou no saco plástico, metade em terra e metade em adubo misturados e mantidos em recipientes de três a seis semanas, dependendo da temperatura. Quando pelo menos três novos perfilhos (brotos) aparecerem, os brotos estão prontos para serem plantados.

4.2 Faixas de plantio

Faixas de plantio são uma forma modificada de polybags. Em vez de usar sacos individuais, as mudas de raízes nuas (despidas) ou mudas de caules ocos (colmos) são plantadas bem perto uma da outra em uma especial esteira de linhas longas que facilitará o transporte e o plantio. Essa prática economiza trabalho quando o plantio e feito em locais difíceis, tal como despenhadeiros de encostas, e goza de um elevado taxa de sobrevivência desde que as raízes fiquem juntas.

4.2.1 Vantagens e desvantagens de polybags e plantação de mudas

Vantagens:

- As plantas são resistentes e não são afetadas pela exposição à alta temperatura e baixa umidade.
- Baixa freqüência de irrigação após o plantio.
- Rápido estabelecimento e crescimento após o plantio
- Podem permanecer no local por mais tempo antes de serem plantadas.

- Recomendado para condições adversas e hostis.

Desvantagens:

- Mais caras para produzir.
- A preparação requer um longo período de preparação, quatro a cinco semanas ou mais.
- O transporte em grandes volumes e aumento de peso é caro.
- Os custos de manutenção aumentam na entrega seguinte, se não for plantada dentro de uma semana.

Foto 7: Mudas de raízes nuas e estoque de tubos (à esquerda), colocando as plantas em polybags (no centro) e plantas em polybags prontas para o plantio (à direita).

Foto 8: Plantação de mudas (à esquerda) em recipientes e removidas de recipientes (no centro), e pronta para ser plantadas (à direita).

5 VIVEIROS (CANTEIROS) NO VIETNÃ

Os viveiros de Vetiver foram estabelecidos com sucesso em todas as áreas do Vietnã.

Foto 9: No sul: Universidade de Can Tho (esquerda) e na província de Giang (à direita).

Foto 10: No centro-sul: Quang Ngai (esquerda) e Binh Phuoc (à direita).

Foto 11: No centro-norte: Quang Binh (à esquerda) e ao longo da rodovia HCM (à direita).

Foto 12: No norte: Bac Ninh (esquerda) e Bac Giang (à direita).

6. REFERÊNCIAS

Charanasri U., Sumanochitrapan S., e Topangteam S. (1969). Capim Vetiver: desenvolvimento do berçário (viveiro), técnicas de plantio no campo, e gestão das barreiras. Trabalho inédito apresentado na Proc. Primeira Conf. Internacional de Vetiver na Tailândia, 4-8 fevereiro de 1996.

Le Van Be, Vo Tan Thanh, Nguyen Thi Para Uyen. (2006). Nhan Giong Vetiver (Vetiveria zizanioides). Conferência Regional de Vetiver, Universidade de Can Tho, Can Tho, no Vietnã.

Le Van Be, Vo Than Tan, Nguyen Thi Para Uyen (2006). Baixo custo de micro-propagação do capim vetiver Proc. Quarta Conferência Internacional de Vetiver, Caracas, Venezuela, Outubro de 2006.

Murashige. E Skoog F. (1962) Um revisado meio para o crescimento rápido e ensaios biológicos com culturas de tecidos de tabaco. Physiologia Plantarum 15: 473-497.

Namwongprom K., e Nanakorn M. (1992). Propagação clonal in vitro de vetiver. Em: Proc. Ann 30. Conf. de Agric., 29 Jan- 1 Fev 1992 (na Tailândia).

Sukkasem A. e Chinnapan W. (1996). A cultura de tecidos do capim vetiver. En: resumos de trabalhos apresentados na Proc. Primeira Conferência Internacional de Vetiver (ICV-1), Chiang Rai, Tailândia, 4-8 Fevereiro de 1996. p.61, ORDPB, Banguecoque.

Truong, p. (2006). Vetiver Propagação: Viveiros e Propagação de Grande Escala. Oficina sobre a potencial aplicação de VS na região do Golfo Pérsico, Kuwait City, março de 2006.

PARTE 3

SISTEMA VETIVER PARA REDUÇÃO DE DESASTRES NATURAIS E PROTEÇÃO DE INFRA-ESTRUTURA

CONTEÚDO

1. TIPOS DE CATÁSTROFES NATURAIS QUE PODEM SER REDUZIDAS USANDO O SISTEMA VETIVER (SV)

Além da erosão do solo, o Sistema Vetiver (SV) pode reduzir ou mesmo eliminar muitas das catástrofes naturais, incluindo desabamentos, deslizamentos de terra, instabilidade de rupturas nas estradas causadas por temporais, e erosões (margens de rios, canais, zonas costeiras, diques e rupturas em barragens de terra causadas por tempestades).

Quando a intensidade das chuvas saturam as rochas e os solos, deslizamentos de terra e fluxos de detritos ocorrem em muitas zonas montanhosas do Vietnam. Exemplos representativos são os deslizamentos catastróficos, os fluxos de detritos e enchentes no distrito de Lay Muong, na província de Dien Bien (1996), e do deslizamento de terra sobre o Hai Van Pass (1999) que interrompeu o tráfego Norte-Sul por mais de duas semanas e custou mais de $ 1 milhão de dólares para ser consertada. Os maiores deslizamentos de terra no Vietnã, os superiores a um milhão de metros cúbicos (entre eles o Lago Thief Dinh, o distrito de Hoai Nhon, a província de Binh Dinh, as comunidades de Nghiep e An Linh, o distrito de Tuy An, e a província de Phu Yen), causaram perdas de vidas, bem como danos à propriedade.

Margens de rios e erosões costeiras, e falhas nos diques acontecem continuamente ao longo do Vietnã. Os exemplos típicos incluem: Erosões nas margens do rio Phu Tho, em Hanói, e em várias províncias centrais do Vietnã (incluindo Thua Thien Hue, Quang Nam, Quang Ngai e Binh Dinh); erosão costeira no distrito de Hai Hau, na província de Nam Dinh, e; erosões costeiras e nas margens do rio no Delta de Mekong. Embora estes eventos e catástrofes como inundações e tempestades ocorrem normalmente durante a estação chuvosa, às vezes, a erosão de ribeirinha ocorre durante a estação seca, quando a água cai a seu nível mais baixo. Isso aconteceu na aldeia de Hau Vien, no distrito de Cam Lo, na província de Quang Tri.

Os deslizamentos de terra são mais comuns em áreas onde as atividades humanas desempenham um papel decisivo. Quase 20 por cento ou 200 km (124 milhas) de mais de 1000 km (621 milhas) de Ha Tinh - da seção de Kon Tum da Rodovia de Ho Chi Minh é altamente suscetível a deslizamentos ou instabilidade dos taludes, principalmente por causa da prática pobre e inapropriada da construção da estrada e uma falha básica para entender as condições geológicas desfavoráveis. Deslizamentos recentes nas cidades de Yen Bai, Lao Cai, e Bac Kan seguidas de decisões municipais para expandir a habitação, permitindo o corte nos taludes das encostas aumentou a ocorrência de deslizamentos.

Principais terremotos também geraram deslizamentos de terra no Vietnã, incluindo o desabamento de1983 no distrito de Tuan Giao, e o desabamento de 2001 ao longo do caminho da cidade de Dien Bien ao distrito de Lai Chau.

De um ponto de vista estritamente econômico, o baixo custo de remediação desses problemas é elevado, e o orçamento do Estado para essas obras nunca é o suficiente. Por exemplo, o revestimento na margem de um rio normalmente custa entre US$ 200.000-300.000 / km, às vezes, o custo pode aumentar mais ainda, tão elevado quantos US $700.000-$ 1 milhão/ km. O aterro de Tan Chau no Delta do Mekong é um caso extremo, que custou quase US 7 milhões dólares/km. A proteção na margem de um rio na província de Quang Binh sozinha é estimada em um gasto de mais de US 20 milhões dólares, o orçamento anual é de apenas US $ 300.000.

A construção de diques no mar normalmente custa entre US $ 700.000 - $ 1million/km, mas uma seção mais cara pode custar mais de US 2,5 milhões dólares / km, e não são raras. Depois da tempestade número 7 em Setembro de 2005 que destruiu as melhorias nas seções de diques, alguns gerentes dos diques concluíram que mesmo as seções projetadas para resistirem a tempestades em um nível até numero 9 são muito fracas, e começaram a considerar seriamente a construção de diques no mar capazes de resistirem a tempestades em um nível até numero 12, que custaria entre US$7-$10 milhões / km.

Restrições orçamentárias sempre existirão, o que limita as rígidas medidas estruturais de proteção às camadas mais prementes nunca para a extensão total da margem do rio ou da linha costeira. Esta abordagem curativa agrava os problemas.

Cada um desses eventos representa um tipo de ruptura dos taludes ou perdas de massa, refletindo no movimento de descida de destroços de rocha e solo em resposta a tensão gravitacional. Este movimento pode ser muito lento, quase imperceptível, ou devastadoramente rápido e aparente em alguns minutos. Já que vários fatores influenciam, as catástrofes naturais irão ocorrer, devemos compreender as causas, bem como alguns princípios básicos de estabilização de taludes. Esta informação nos permitirá eficazmente empregar os métodos do Sistema de Vetiver (SV) de bioengenharia para reduzir seu impacto.

2. PRINCÍPIOS GERAIS DE ESTABILIDADE EM TALUDES E ESTABILIZAÇÃO DE ENCOSTAS

2.1 Perfil do talude

Alguns taludes são gradualmente curvos, e outros são de despenhadeiros extremos. O perfil natural-de-erosão em um talude depende essencialmente do seu tipo de rocha e tipo de solo, o ângulo natural de repouso do solo, e do clima. A resistência ao escorregamento de rochas e de solos, principalmente em regiões áridas, o intemperismo químico é lento em comparação ao intemperismo físico. A crista do talude é ligeiramente convexa a angular, a face do penhasco é quase vertical, e um talude de detritos está presente em um ângulo de repouso de 30-35º, o ângulo máximo em que o material solto de um tipo específico de solo é estável.

A não resistência de rochas e solo, especialmente nas regiões úmidas, deteriora rapidamente com o tempo e corrói facilmente. A inclinação resultante contém uma espessa cobertura de solos, sua crista é convexa, e sua base é côncava.

2.2 Estabilidade de taludes

2.2.1 Planalto de inclinação natural, inclinação de corte, massa de estrada, etc

A estabilidade das encostas, como é baseado na interação entre dois tipos de forças, forças atuantes e forças resistentes. Forças atuantes promovem descida para abaixo, o movimento de materiais, enquanto que as forças de resistência seguram o movimento. Quando as forças atuantes superam as forças resistentes, estas encostas ou taludes tornam-se instáveis.

2.2.2 Margem de rio, erosão costeira e a instabilidade de estruturas de retenção da água

Alguns engenheiros hidráulicos podem argumentar que a erosão das margens e a instabilidade de estruturas de retenção da água devem ser tratados separadamente dos outros tipos de rupturas dos taludes, pois suas respectivas cargas são diferentes. Em nossa opinião, no entanto, ambos estão sujeitos à mesma interação entre as "forças atuantes" e as de "forças resistentes". As rupturas resultam quando as primeiras superam as últimas.

No entanto, a erosão das margens e a instabilidade de estruturas de retenção da água são um pouco mais complicadas, pois elas resultam de interações entre as forças hidráulicas atuando na cabeceira e no pé das margens e as forças gravitacionais que afetam o fluxo de materiais nas margens locais. A falha ocorre quando a erosão do pé da ombreira e do leito do canal junto a ombreira faz aumentar a altura e o ângulo da margem a tal ponto que as forças gravitacionais ultrapassam a resistência ao cisalhamento do material da ombreira. Após a ruptura, as falhas materiais das ombreiras podem ser ligadas diretamente ao fluxo e depositadas como materiais nos leitos, dispersos como carga de lavagem, ou depositados juntos ao pé da margem como um bloco intacto, ou como agregados dispersos.

Os processos fluviais de controle nos abrigos das margens são essencialmente duplos. A erosão fluvial de cisalhamento de materiais das margens resulta num progressivo incremento de saídas de materiais nas margens. Além disso, um aumento na altura de uma margem devido à degradação próxima ao leito da margem ou um aumento da inclinação da margem devido à erosão fluvial da parte inferior do leito da mesma podem isoladamente ou em conjunto diminuir a estabilidade das margens com relação à ruptura da massa. Dependendo das limitações de suas propriedades materiais e da geometria do seu perfil, as rupturas de margens podem ocorrer devido a vários resultados possíveis de rupturas s mecânicas, incluindo rupturas de tipo planar, de rotação, e de tombamento.

Mecanismos não fluviais de controle nos abrigos das margens incluem os efeitos de lavagem da onda, e falhas do sistema vegetativo vascular, associado com falhas estratificadas das margens e em condições adversas de águas subterrâneas.

2.2.3 Forças atuantes

Embora a gravidade é a principal força atuante, ela não pode agir sozinha. O ângulo de inclinação, o ângulo específico de repouso do solo, o clima, o material de inclinação e, em especial a água, contribuem para o seu efeito:

- As falhas ocorrem muito mais frequentemente nos despenhadeiros das encostas do que em Taludes abrandados.
- A água desempenha um papel fundamental na produção de falhas de ruptura nos declives especialmente no pé do talude
- Sob a forma de rios e de ação das ondas, a água corrói a base das encostas, removendo a base de apoio, o que aumenta as forças motrizes.
- A água também aumenta a força motriz por carga, ou seja, preenchendo os espaços anteriormente vazios dos poros e das fraturas, o que aumenta a totalidade da massa o qual é sujeita à força gravitacional.
- A presença da água resulta na pressão da água nos poros, que reduz a resistência ao cisalhamento do material da encosta. Importante, as alterações bruscas na pressão da água nos poros podem desempenhar um papel decisivo de rupturas nas encostas (declives).
- Interação da água com a superfície da rocha e do solo (intemperismo químico) lentamente enfraquece os materiais das encostas, e diminui suas resistências ao cisalhamento. Essa interação reduz as forças de resistência.

2.2.4 Forças Resistentes

A principal força de resistência é a resistência ao cisalhamento do material, uma função de coesão (a capacidade das partículas de atrair-se e manter-se juntas) e atrito interno (o atrito entre os grãos dentro do material), que se opõe a forca atuante. A relação entre as forças resistentes e as forças atuantes é o fator de segurança (SF). Se SF > 1 a inclinação é estável. Caso contrário, ela é instável. Geralmente um SF de 1,2-1,3 é marginalmente aceitável. Dependendo da importância da encosta e as potenciais perdas associadas com as falhas, um SF superior deve ser assegurado. Em suma, a estabilização dos taludes (encostas) é uma função do: Tipo de rocha / e tipo de solo e suas forças, geometria da inclinação (altura, ângulo), clima, vegetação e tempo. Cada um desses fatores podem desempenhar um papel significativo no controle de condução ou nas forças de resistência. (SF = Coeficiente de Segurança, ou Safety Factor).

2.3 Tipos de falha nos declives

Dependendo do tipo de movimento e da natureza do material envolvido, diferentes tipos de rupturas de taludes podem ocorrer:

Nas rochas, geralmente se rompem e deslizamentos translacionais (envolvendo um ou mais planos de fraqueza) irão ocorrer. Uma vez que o solo é mais homogêneo e não mostra de um plano mais visível de fraqueza, deslizamentos rotacionais ou fluxos irão ocorrer. Em geral, a perda de massa envolve mais de um tipo de movimento, por exemplo, a queda superior e inferior do fluxo, ou o deslizamento superior do solo e o deslizamento inferior das rochas.

Tabela 1: Tipos de Ruptura de Taludes

Tipo de movimento	Material envolvido		
	Rocha		Solo
Queda d'agua	Queda de rocha	Queda de rocha	queda de solo
Deslizamentos	Rotacional	Queda de um bloco de rochas	queda de blcos do solo
	Translacioal	Deslizamentos de rochas	deslizamento de detritos
Fluxos	Lento	Deformaçâo da rocha	deformaçâo do solo
			materiais saturados e nâo consolidados
			fluxo da terra
			fluxo de lama (até 30% de áqua)
	Rápido		fluxo de detritos
			Avalanche de detritos
Complexo	Combinação de dois ou mais tipos de movimento		

2.4 Impacto humano nas rupturas dos taludes

Deslizamentos de terra são fenômenos naturais que ocorrem, são as erosões. Deslizamentos de terra ou rupturas nas encostas ocorrem se as pessoas estiverem lá ou não! No entanto, as práticas humanas no uso da terra desempenham um papel importante nos processos dos taludes. A combinação de incontroláveis eventos naturais (terremotos, tempestades torrenciais, etc) e terras artificialmente alteradas (escavação nos taludes, o desmatamento, a urbanização, etc) podem criar rupturas desastrosas nos taludes.

2.5 Redução (mitigação) de ruptura nos taludes

Minimizar as rupturas nos taludes requer três etapas: Identificação de áreas potencialmente instáveis; prevenção de ruptura nos declives; e subseqüentemente implementação de medidas corretivas após rupturas dos mesmos. Um profundo conhecimento das condições geológicas é criticamente importante para determinar as melhores práticas de mitigação

2.5.1 Identificação

Técnicos treinados em identificar potenciais rupturas de inclinação seguem o estudo de fotografias aéreas para localizar deslizamentos anteriores ou rupturas locais do talude, e realizando investigações de campo de encostas potencialmente instáveis. Potenciais áreas de perda-de-massa podem ser identificadas através dos despenhadeiros nas encostas, planos de estratificação inclinados em direção ao solo dos vales, topografia acidentada (irregular, superfícies com aparência rugosa cobertas por árvores mais jovens), infiltração de água e áreas onde ocorreram os deslizamentos de terra anteriormente. Esta informação é usada para gerar um mapa mostrando o perigo de áreas instáveis e propensas ao deslizamento.

2.5.2 Prevenção

Prever deslizamentos de terra e instabilidade de taludes é muito mais eficaz do que remedia-los. Os métodos de prevenção incluem controle da drenagem, redução do ângulo de inclinação e altura do talude, e instalação de uma cobertura vegetal, muro, atirantamento de rocha, ou gunitagem (concreto de finos agregados, com uma mistura de rápida solidificação, aplicados por uma poderosa bomba), Solo Grampeado, etc.

Estes métodos de apoio devem ser adequadamente aplicados e em primeiro lugar garantir ou assegurar que o declive seja estável interna e estruturalmente. Isso requer uma boa compreensão das condições geológicas locais.

2.5.3 Correção

Alguns deslizamentos de terra podem ser corrigidos (remediados) através da instalação de um sistema de drenagem para reduzir a pressão da água nas encostas, e evitar qualquer movimento adicional. Os problemas de instabilidade em declives que fazem fronteiras com estradas, eixos rodoviários ou outros locais importantes, geralmente requer um tratamento caro. Feito oportuna e adequadamente, a superfície e a subsuperfície de drenagem seria muito eficaz. Entretanto, uma vez que tal manutenção é usualmente adiada ou totalmente negligenciada, medidas corretivas muito mais caras e rigorosas se tornam necessárias. Prevenir ainda sai mais barato que remediar.

No Vietnã, os rígidos métodos de proteção estrutural (concreto ou pedra revestindo a margem de enrocamento, muros, etc) são frequentemente usados para estabilizar encostas e margens de rios para controlar a erosão costeira. No entanto, apesar do seu uso contínuo por décadas, encostas continuaram a cair, as erosões pioraram, os custos de manutenção aumentaram. Então, quais são a principais fraquezas dessas medidas? Estritamente de um ponto de vista econômico, as medidas rígidas são muito caras, e orçamentos estaduais ou municipais para tais projetos nunca são suficientes. Uma análise técnica e ambiental levanta as seguintes questões:

- Mineração das rochas/de concreto ocorrem em outros lugares, onde, sem dúvida, causam estragos a devastação ambiental.
- Rígidos pontos com dispositivos estruturais não absorvem o fluxo de energia da ondas, uma vez que estruturas rígidas não podem acompanhar a instalação local, elas causam fortes declives.
- Fortes declives geram turbulência adicional, o que cria mais erosões. Além disso, já que os dispositivos estão localizados, eles freqüentemente terminam abruptamente, sob esta forma eles não transitam de forma gradual, tranquila e natural para as margens. Consequentemente, eles simplesmente transferem a erosão para outros lugares, para o lado oposto ou rio abaixo, que agrava o desastre, ao invés de reduzi-la para o rio como um todo. Exemplos destes são abundantes em várias províncias Centrais do Vietnã.
- Rígidas medidas estruturais introduzem quantidades consideráveis de pedra, areia, cimento no sistema dos rios, deslocamento e escoamento de grandes volumes de banco de solo no rio. Como o rio torna-se lameado, a dinâmica do rio muda, seu leito se eleva, as inundações e erosões dos bancos aumentam os problemas. Este problema é particularmente grave no Vietnã, onde os trabalhadores lançam resíduos do solo diretamente no rio no momento em que eles reformam os bancos. Muitas vezes eles despejam pedras diretamente no rio para estabilizar a instabilidade do pé do banco, ou tentam colocar pedaços de pedras no leito do rio, o que reduz a profundidade do fluxo (canal) consideravelmente. Quando os aterros, em última instância falham, cestos com pedaços de rochas, arestas, etc permanecem dispersos na água provocando assoreamento artificial do leito do rio.
- As estruturas rígidas são artificiais e são incompatíveis com ação de erosão do solo ou de solos erodíveis. Como o solo está consolidado e/ou está erodido e lavado, ele enfraquece e prejudica a rígida camada superior. Exemplos incluem a margem direita imediatamente rio abaixo em Thach Nham Weir (província de Quang Ngai), que rachou e caiu. Engenheiros que substituíram as placas de concreto por enrocamento de rochas com ou sem suporte de concreto deixaram sem solução o problema da erosão do subsolo. Ao longo do dique no mar de Hai Hau, toda a seção de enrocamento de rochas desabou assim como a fundação subjacente foi lavada rio abaixo.
- Estruturas rígidas apenas temporariamente reduzem a erosão. Eles não podem ajudar a estabilizar o banco quando tem grandes deslizamentos ou desabamentos de terras com profundas rupturas.
- Concreto ou muros de pedras (Muro em Gabião) são provavelmente os métodos mais freqüentes de engenharia empregado para estabilizar as quedas de estrada (estragos nas estradas causados por tempestades) no Vietnã. A maioria destas paredes ou muros são passivas, simplesmente à espera da ruptura nos taludes. Quando as encostas falham, as paredes também falham, como se vê em muitas áreas ao longo da estrada de Ho Chi Minh. Estas estruturas também são destruídas por terremotos.

Embora as estruturas rígidas como aterros de rochas são obviamente inadequadas para certas aplicações, tais como a estabilização de dunas de areia, eles ainda estão sendo construídos, como pode ser observado ao longo da nova estrada na região central do Vietnã.

2.6 Estabilização vegetativa de encostas

Vegetação tem sido utilizado como uma ferramenta natural da bioengenharia para recuperar o solo, controlar a erosão e estabilizar encostas ao longo dos séculos, e sua popularidade tem aumentado significativamente nas últimas décadas. Isto é parcialmente devido a eficácia-de-custo e respeito ao meio-ambiente desta “agradável” abordagem de engenharia.

Sob o impacto de diversos fatores acima apresentados, uma inclinação (declive) se torna instável devido a: (a) superfície de erosão ou "erosão de lençol", e (b) fraqueza estrutural interna. A erosão do lençol (camada da superfície da erosão), quando não controlada, muitas vezes leva à erosão aos riachos e córregos, bueiros ou fossas que, ao longo do tempo desestabilizará o declive; a fraqueza estrutural acabará por provocar movimentos de massa ou desabamentos. Desde que a erosão no lençol pode também causar uma falha de inclinação, a proteção superficial da inclinação deve ser considerada tão importante quanto outros reforços estruturais, mas sua importância é frequentemente olhada com excesso. Proteger a superfície do talude é uma forma eficaz, econômica e essencial medida preventiva. Em muitos casos, aplicando algumas medidas preventivas garantirá uma contínua estabilidade nos declives, que sempre custam muito menos do que as medidas corretivas.

Uma cobertura vegetal fornecida pelo plantio de grama, hidro-semeadura ou hidro-composto-de-folhas, normalmente é bastante eficaz contra a erosão de lençol e pequena erosão de riacho, e plantas profundamente enraizadas como árvores e arbustos podem fornecer alguns reforços estruturais para o chão. No entanto, em encostas recém-construídas, a camada superficial não é muitas vezes bem consolidada, assim mesmo uma encosta de boa vegetação não pode impedir a erosão em riachos e regos fossas ou bueiros. Árvores profundamente enraizadas crescem lentamente e são difíceis de se estabelecer em territórios tão hostis. Nestes casos, os engenheiros freqüentemente se arrependem da ineficiência da cobertura vegetativa e instalações estruturais de reforço logo após a construção. Em suma, a tradicional proteção na superfície (área) das inclinações (declives), fornecida por árvores e gramíneas locais não podem, em muitos casos, garantir a estabilidade necessária.

2.6.1 Prós, contras e as limitações do plantio de vegetação em decliv

Tabela 2: Efeitos físicos gerais da vegetação na estabilidade de en

Efetio	Caracteristicas Fisicas
Beneficio	
reforço das raízes, arqueamento do solo, justaposição, ancoragem, prendendo os pedregulhos soltos pelas ávores.	Aeração das raízes, distribuição e morfologia; resistencia à tração das raízes; espaçamento, rolo de diâmetro e integração das árvores, espessura e inclinação dos extratos de rendimento; propriedades de resisência ao cisalhamento dos solos.
Esgotamento da umidade do solo Eaumento de aspiração do solo pela absoção e transpiração da raiz.	Teor de umidade do solo; Nível de água a subterrânea; pressão do poros / socção do solo
Interceptação da precipitação pluvial pelo folhagem, incluindo as perdas por evaporação.	Rede de precipitação pluvial nas encostas
Aumento da resistencia hidráulica na irrigação dos canais de drenagem	Coeficientes de rugosidade
Adverîdade	
Encunhamento de raízes próximo de rochase pedregulhos e de senraizamento em tufão.	Provisão de área das raízes, distribuição da superfície e morfologia
Sobrecarregando as encostas por grandes (pesadas) árvores (às vezes benéfico, dependendo de situação reais)	Peso médio da vegetação
Carga do vento	Desenho da velocidade do vento para o período de retorno exigido; média de altura das árovr`s maduras por grupos de árvores
Manter a capacidade de infiltação	Variação do teor de umidade do solo em profundidade

Tabela 3: limitações do ângulo de inclinação em Estabelecimento de vegetação.

Ângulo de inclinação (graus)	Tipo de vegetação	
	Grama	Arbustos / Árvores
0 – 30	baixa em dificuldade; técnicas de rotina de plantio podem ser utilizadas cada vez mais difícil	baixa em dificuldade; técnicas de rotina de plantio podem ser utilizadas
0 - 45	Muita dificuldade no estabelecimento de ramos ou relva; aplicação rotineira de hidro semeadura	Muito difícil para plantar
> 45	Consideração especial exigida	> 45 Consideração especial exigida Plantio deve ser geralmente em bancos

2.6.2 Estabilização da vegetação em encostas no Vietnã

Em menor escala, de uma maneira mais suave, soluções vegetativas também têm sido empregadas no Vietnã. O método mais popular de bioengenharia para o controle da erosão em margem de rio é, provavelmente, o plantio de bambu (que é a pior medida que você pode tomar). Uma vez que moitas (touceiras) de bambu são levadas pela enchente e descem rio abaixo, elas podem remover pontes ou qualquer coisa que eles apanharem no caminho. Eles tem alta força de resistência, e não se quebram). Para controlar a erosão costeira: Manguezal, árvores casuarinas, abacaxi selvagens, e palma nipa também são empregados. No entanto, estas plantas têm algumas deficiências importantes, como por exemplo:

- Crescendo em moitas (touceiras), bambu que é enraizado superficialmente não fecha como uma barreira. Portanto, as cheias de água concentram-se nas lacunas entre os bambus, o que aumenta seu poder destrutivo e causa mais erosão.
- Bambu é pesado no topo. Seu (1-1,5 m de profundidade) sistema superficial de raízes em grupo não dá equilíbrio

aos altos e pesados galhos. Portanto, pedaços de bambu adicionam tensões às margens dos rios, sem contribuir para a sua estabilidade.

- Freqüentemente, o sistema radicular em grupo, do bambu desestabiliza o solo abaixo, estimulando a erosão e criando condições para deslizamentos maiores. Várias províncias do Centro do Vietnam mostraram exemplos de fracasso nas margens após a instalação de uma extensa faixa de bambu.
- Árvores de mangues, onde podem crescer, formam um sólido tampão que reduz a energia das ondas, que, por sua vez, reduz a erosão costeira. No entanto, para se estabelecer um mangue é difícil e lento porque os ratos comem suas mudas. Normalmente, as centenas de hectares plantadas, apenas uma pequena porcentagem sobrevivem para se tornar floresta. Isto foi relatado recentemente na província de Ha Tinh.
- Árvores casuarinas têm sido plantadas em milhares de hectares em dunas de areia no centro do Vietnã. Abacaxi selvagem também é plantado ao longo das margens dos rios, córregos e outros canais, e ao longo das linhas de contorno das encostas nas dunas. Embora eles reduzem a energia eólica e minimizam a tempestade de areia, estas plantas não podem provir o fluxo de areia, porque eles têm sistemas de raízes profundas e não formam uma barreira vegetativa fechada. Apesar do plantio de árvores casuarinas e abacaxi selvagem em cima dos diques de areia ao longo dos canais de escoamento na província de Quang Binh, a areia continua a invadir terras aráveis. Além disso, ambas as plantas são sensíveis ao clima; mudas casuarinas apenas sobrevivem esporadicamente, porém a extremos invernos frios (menos de – 15 'C / 5'F), e o abacaxi selvagem não pode sobreviver a verões de no Vietnã do Norte.

Felizmente, vetiver cresce rapidamente, se estabelece sob condições hostis, e seu extenso e profundo sistema de raízes muito oferece de resistência estrutural em um período de tempo relativamente curto. Assim, a vetiver, pode ser uma alternativa adequada para a vegetação tradicional, desde que as técnicas de aplicação que se seguem sejam aprendidas e seguidas cuidadosamente.

3. ESTABILIZAÇÃO DE ENCOSTAS UTILIZANDO O SISTEMA VETIVER

3.1 As características de vetiver adequadas para estabilização de encostas

Os originais atributos de vetiver foram pesquisados, testados e desenvolvidos em todo o mundo tropical, garantindo assim que a vetiver é realmente um instrumento muito eficaz da bioengenharia:

Em menor escala, de uma maneira mais suave, soluções vegetativas também têm sido empregadas no Vietnã. O método mais popular de bioengenharia para o controle da erosão em margem de rio é, provavelmente, o plantio de bambu (que é a pior medida que você pode tomar). Uma vez que moitas (touceiras) de bambu são levadas pela enchente e descem rio abaixo, elas podem remover pontes ou qualquer coisa que eles apanharem no caminho. Eles tem alta força de resistência, e não se quebram). Para controlar a erosão costeira: Manguezal, árvores casuarinas, abacaxi selvagens, e palma nipa também são empregados. No entanto, estas plantas têm algumas deficiências importantes, como por exemplo:

- Crescendo em moitas (touceiras), bambu que é enraizado superficialmente não fecha como uma barreira. Portanto, as cheias de água concentram-se nas lacunas entre os bambus, o que aumenta seu poder destrutivo e causa mais erosão.
- Bambu é pesado no topo. Seu (1-1,5 m de profundidade) sistema superficial de raízes em grupo não dá equilíbrio aos altos e pesados galhos. Portanto, pedaços de bambu adicionam tensões às margens dos rios, sem contribuir para a sua estabilidade.

- Freqüentemente, o sistema radicular em grupo, do bambu desestabiliza o solo abaixo,estimulando a erosão e criando condições para deslizamentos maiores. Várias províncias do Centro do Vietnam mostraram exemplos de fracasso nas margens após a instalação de uma extensa faixa de bambu.
- Árvores de mangues, onde podem crescer, formam um sólido tampão que reduz a energia das ondas, que, por sua vez, reduz a erosão costeira. No entanto, para se estabelecer um mangue é difícil e lento porque os ratos comem suas mudas. Normalmente, as centenas de hectares plantadas, apenas uma pequena porcentagem sobrevivem para se tornar floresta. Isto foi relatado recentemente na província de Ha Tinh.
- Árvores casuarinas têm sido plantadas em milhares de hectares em dunas de areia no centro do Vietnã. Abacaxi selvagem também é plantado ao longo das margens dos rios, córregos e outros canais, e ao longo das linhas de contorno das encostas nas dunas. Embora eles reduzem a energia eólica e minimizam a tempestade de areia, estas plantas não podem provir o fluxo de areia, porque eles têm sistemas de raízes profundas e não formam uma barreira vegetativa fechada. Apesar do plantio de árvores casuarinas e abacaxi selvagem em cima dos diques de areia ao longo dos canais de escoamento na província de Quang Binh, a areia continua a invadir terras aráveis. Além disso, ambas as plantas são sensíveis ao clima; mudas casuarinas apenas sobrevivem esporadicamente, porém a extremos invernos frios (menos de – 15 'C / 5'F), e o abacaxi selvagem não pode sobreviver a verões de no Vietnã do Norte.
- Felizmente, vetiver cresce rapidamente, se estabelece sob condições hostis, e seu extenso e profundo sistema de raízes muito oferece de resistência estrutural em um período de tempo relativamente curto. Assim, a vetiver, pode ser

uma alternativa adequada para a vegetação tradicional, desde que as técnicas de aplicação que se seguem sejam aprendidas e seguidas cuidadosamente.

Vetiver é muito eficaz quando plantadas próximo e em linhas no contorno das pistas. Linhas de contorno de vetiver pode estabilizar encostas naturais, pistas de corte e aterros preenchidos. Sua profundidade e rigoroso sistema de raízes ajuda a estabilizar as encostas estruturalmente, enquanto seus brotos dispersam as águas da superfície, reduzindo a erosão e faz um laço em volta dos resíduos (sedimentos) para facilitar o crescimento de espécies nativas - foto 1.

Hengchaovanich (1998) também observou que plantas vetiver podem crescer verticalmente em declives superiores a 150% (~56º). Seu rápido crescimento e notável reforço faz com que Vetiver seja uma candidata melhor para a estabilização das encostas do que outras plantas. Outra característica que a diferencia das raízes de outras árvores é o seu poder de penetração. Sua força e vigor que permite penetrar no solo difícil, hardpan e camadas rochosas com pontos fracos. Elas podem até mesmo perfurar o asfalto pavimentado de concreto. O mesmo autor caracteriza as raízes de vetiver como os grampos vivos no solo ou buchas de 2-3m, comumente utilizadas na 'difícil abordagem' do trabalho de estabilização das encostas. Combinado com a sua capacidade de se estabelecer rapidamente em solo de difíceis condições, essas características fazem a planta vetiver mais adequada para a estabilização das encostas do que outras plantas.

Foto 1: Plantas Vetiver formam um bio-filtro grosso (denso) e eficaz acima (esquerda) e abaixo do solo (direita).

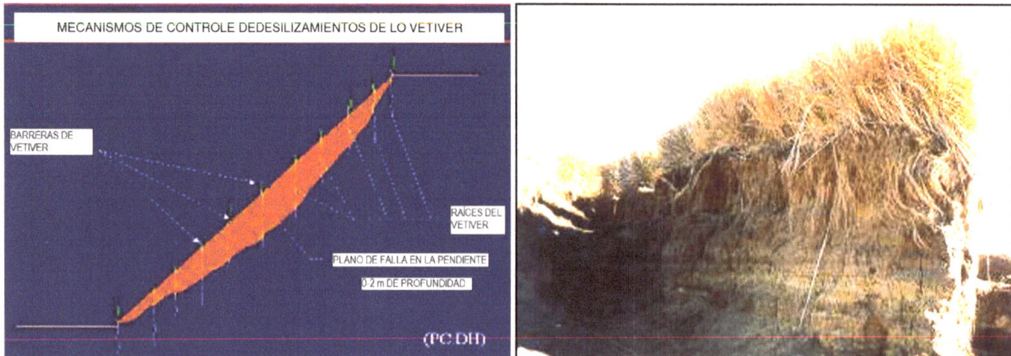

Figura 1: Esquerda: Princípios de estabilização de encostas por vetiver; Direito: Raízes Vetiver eforçando esta barragem que não deixou ser arrastada pelas enchentes.

3.2 Características especiais de vetiver adequada para a mitigação de desastres de água

Para reduzir o impacto dos desastres relacionados com a água, como inundações, margem de rios, erosões costeiras, barragens e a instabilidade dos diques, vetiver é plantado em linhas paralelas ou através do fluxo de água ou na direção das ondas. Suas características únicas adicionais são muito úteis:

- Dada a sua profundidade de raiz e força extraordinária, vetiver maduro é extremamente resistente ao esmaecimentos de fluxo de alta velocidade. Vetiver plantada no norte de Queensland (Austrália) tem resistido a velocidade de fluxo superior a 3.5m/sec no rio em condições de inundação e, em Queensland do sul, até 5m/sec em inundações em drenagem de canais.
- Em termos superficiais ou baixa velocidade de fluxo, o caule ereto e duro de vetiver age como uma barreira que reduz a velocidade do fluxo (i.e. aumenta a resistência hidráulica) e armadilhas de detritos (sedimentos) erodido. Na verdade, ele pode manter a sua postura ereta em um fluxo tão profundo como 0,6-0,8m.
- Folhas vetiver se dobraram sob fluxo de profundidade e de alta velocidade, fornecendo proteção extra a superfície do solo, reduzindo a velocidade de fluxo.
- Quando plantada em estruturas de retenção de água, como barragens e diques, as sebes vetiver ajudam a reduzir

a velocidade de fluxo, executa diminuição da onda erosiva, o excesso de cobertura e, finalmente, o volume de água que flui para a área protegida por essas estruturas. Estes hedgegrows (ou sebes) também ajudam a reduzir as chamados erosões regressivas que muitas vezes ocorrem quando o fluxo de água ou retornos da onda depois que se levantam sobre as estruturas de retenção da água.

- Como uma planta de zonas úmidas, a vetiver resiste a submersões, mais prolongadas. Uma pesquisa chinesa mostra que vetiver pode sobreviver a mais de dois meses debaixo de águas.

3.3 Tração e cisalhamento da resistência das raízes de vetiver

Hengchaovanich e Nilaweera (1969) mostram que a resistência à tração das raízes de vetiver aumentam com a redução do diâmetro da raiz, o que implica que, raízes mais fortes e raízes finas oferecem maior resistência do que as raízes mais grossas. A resistência à tração de raízes de vetiver varia entre 40-180 MPa na faixa de diâmetro de raiz entre 0,2-2,2 milímetros (.008.08"). O projeto significa a força de tração é de cerca de 75 MPa a 0.7-0.8 mm (.03" diâmetro da raiz), que é o tamanho mais comum de raízes de vetiver, e equivalente a cerca de sessenta e um de aço leve. Portanto, as raízes de vetiver são tão fortes ou até mais forte do que as de muitas espécies de madeira que foram provadas positivas para o

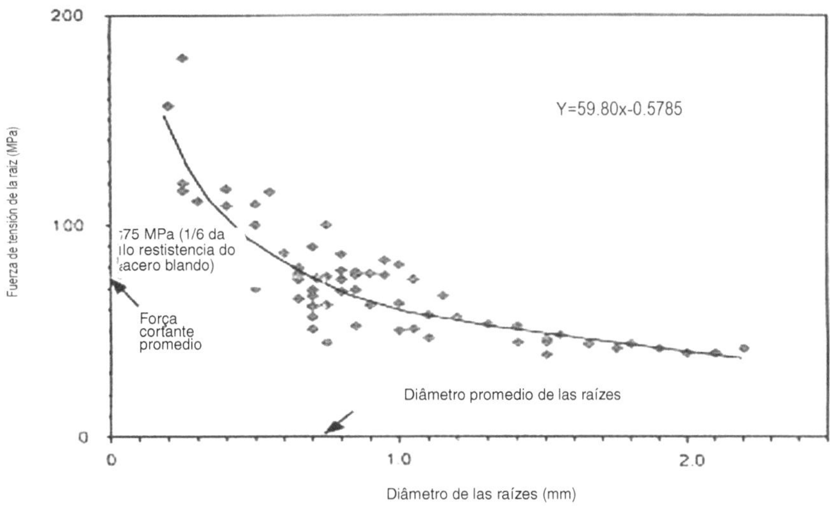

Figura 2: Distribuição de diâmetro da raiz

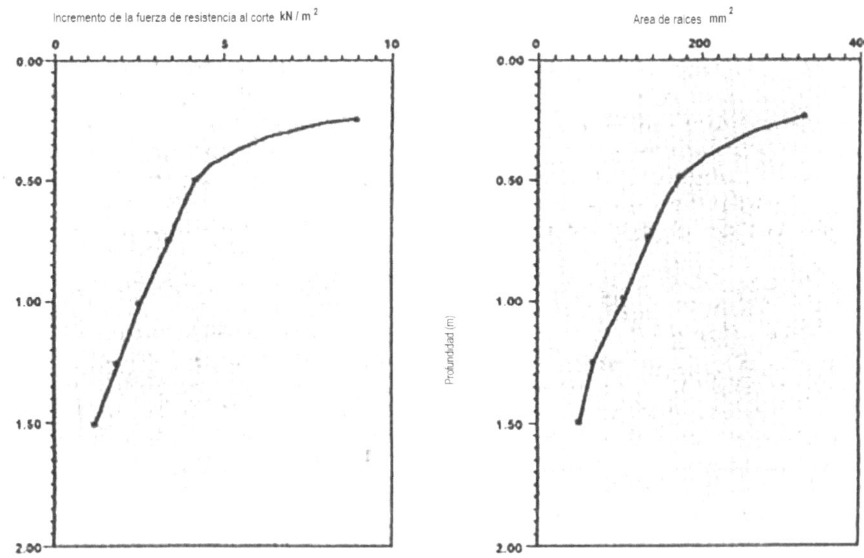

Figura 3: Resistência ao corte da raiz vetiver

reforço das encostas - Figura 2 e Tabela 4.

Tabela 4: Resistência de algumas raízes de plantas à ruptura

Nomo botânico	Nome comum	resistência à tração (MPa)
Salix spp	Willo	9-36
Populus spp	Poplars	5-38
Almus spp	Amieiros	4-74
Pseudotsuga spp	Douglas Fir	19-61
Acer sacharinum	Silver Maple	15-30
Tsuga heterophylia	West Hemlock	27
Spp Vaccinum	Huckleberry	16
Hordeum vulgare	Barley	15-31
	Grass, forbs	2-20
	Moss	2-7kPa
Chrysopogon zizanioides	Vetiver grass	40-120 (average 75)

Tabela 5: Diâmetro e resistência da raiz de várias ervas a tensão

Grama	Diametro mediano das raizes (mm)	Resistencia de tração mediana (MPa)
Junellus Late	0.38±0.43	24.50
Gama dallis	0.92±0.28	19.74±3.00
White Clover	0.91±0.11	24.64±3.36
Vetiver	0.66±0.32	85.10±31.2
Grama Comum Centipede	0.66±0.05	2730±1.74
Grama Bahia	0.73±0.07	19.23±3.59
Grama Manila	0.77±0.67	17.55±2.85
Grama Berudas	0.99±0.17	13.45±2.18

Em um teste de bloco de cisalhamento do solo, Hengchaovanich e Nilaweera (1969) também constataram que a penetração da raiz Vetiver hedge de dois anos de idade com 15 cm (espaçamento entre plantas) pode aumentar a resistência ao cisalhamento do solo em 50 cm adjacente de largura faixa de 90%, a 0,25 m.

O aumento foi de 39%, de 0,50 m e gradualmente reduziu a para 12,5% em um metro (3') profundidade. Além disso, o denso sistema da raiz de vetiver oferece melhor aumento de resistência ao cisalhamento por unidade de concentração (6-10 kPa/kg de raiz por metro cúbico de solo), em comparação com 3.2-3.7 kPa/kg para as raízes das árvores (Fig. 3). Os autores explicaram que, quando uma raiz da planta penetra através de uma superfície potencial de cisalhamento no perfil do solo, a distorção da zona de cisalhamento desenvolve tensão na raiz, e o componente dessa tensão tangencial à zona de cisalhamento diretamente resiste ao cisalhamento, enquanto que a componente normal aumenta a pressão do confinamento no plano de cisalhamento.

Cheng et al (2003) completou a investigação de Diti Hengchaovanich sobre a força das raízes através da realização de outros testes em outras gramíneas - Tabela 5. Embora vetiver tenha as segundas melhores raízes, a sua resistência à tensão é quase três vezes maior do que todas as plantas testadas.

3.4 Características hidráulicas

Quando plantadas em fileiras, as plantas de vetiver formam sebes de espessura; seu rígido tronco permite que essas coberturas podem elevar-se a pelo menos 0,6-0.8m, formando uma barreira viva que diminui e espalha a água de escoamento. Devidamente planejadas, estas coberturas são estruturas muito eficazes que se espalham e desviam a água da enxurrada para áreas estáveis ou para áreas de boa drenagem dando uma eliminação segura.

Testes de canais realizados na Universidade de Southern Queensland para estudar o projeto e incorporação de coberturas de vetiver em um plano de faixas de recorte para mitigação das inundações confirmou as características hidráulicas da cobertura vetiver sob fluxos de profundidade. Figura 4. As coberturas vetiver conseguiram reduzir a velocidade de inundação e uma movimentação limitada do solo; as faixas por cultivar sofreram muito pouca erosão, e uma cultura de sorgo (cereal de grama) jovem estava totalmente protegida de danos de inundação (Dalton et al, 1996).

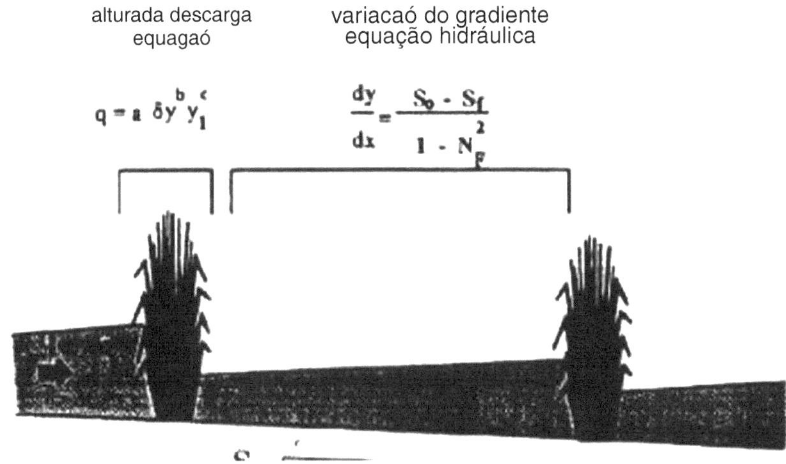

Figura 4: Modelo hidráulico de inundações através de coberturas de vetiver.

Lugar

q = descarga por unidade de largura	y1 = profundidade de rio acima
y = profundidade do fluxo	Sf = energia de declive
S0 = declive de terra	NF = número de Froude de escoamento

3.5 Pressão da água nos poros

Cobertura vegetal em terrenos inclinados aumenta a infiltração da água. Foi investigado se uma quantidade extra de água aumentaria a pressão da água nos poros do solo e à instabilidade das encostas. No entanto, observações de campo mostraram realmente melhorias. Primeiro, plantadas em linhas de contorno ou padrões modificados de linhas que armazene e espalhando o escoamento da água nas encostas, o extensivo sistema vetiver radicular e fluxo apesar do efeito distribui a água em excesso uniformemente e gradualmente, e ajuda a prevenir a acumulação localizada.

Em segundo lugar, o provável aumento na infiltração é compensado por uma maior taxa progressiva e esgotamento da água do solo pela grama. Uma pesquisa de competição sobre umidade do solo em colheitas na Austrália (Dalton et al, 1996) mostraram que, sob condições de baixa precipitação, esse esgotamento reduzirá a umidade do solo em até 1,5 m. Isso aumenta a infiltração da água nessa zona, levando à redução da água de escoamento e taxa de erosão. Do ponto de vista geotécnico, essas condições ajudam a manter a estabilidade das encostas. Nos despenhadeiros das encostas, o espaço entre as linhas de 1m ou IV (Intervalo Vertical) é muito próximo. Por esse motivo, a diminuição de umidade seria maior e melhoraria ainda mais o processo de estabilização das encostas. No entanto, para reduzir este efeito potencialmente prejudicial de Vetiver nos despenhadeiros das encostas em áreas de chuvas muito alta, como medida de precaução, as coberturas (plantas vetiver) vetiver poderiam ser plantadas em um terreno de inclinação de cerca de 0,5%, como nos chamados terraços de contorno para desviar a quantidade extra de água para um escoamento de drenagem estável (Hengchaovanich, 1998).

3.6 Aplicações de SV como auxiliar nos desastres naturais e proteção da infra-estrutura

Dadas as suas características únicas, a vetiver geralmente é muito útil no controle da erosão em ambos tanto as fissuras como o enchimento das aberturas causadas por temporais nas encostas e outras formas de declives associadas com a construção de estradas, e particularmente eficazes em solos altamente erodíveis e dispersíveis, tal como sódico, alcalino, ácido e solos de ácido de sulfatos.

O plantio de vetiver tem sido muito eficaz no controle das erosões e estabilizações nas seguintes condições:

- Estabilização de encostas ao longo de rodovias e ferrovias. Especialmente eficaz ao longo de estradas rurais montanhosas, onde as comunidades não tem recursos financeiros suficientes para a estabilização das encostas nas estradas e onde muitas vezes ate participa da construção de estradas.
- Dique e estabilização de rachaduras causadas por temporais em barragem, redução de canal, ribeirinhas e erosão costeira e sólidas estruturas de proteção como (por exemplo: rochas de enrocamento, muros de concreto, gabiões, etc.)
- Declividade acima de entradas e saídas de bueiro (boca de lobo).

- Interface entre o cimento e estruturas de rochas e solos de superfície erodíveis.
- Como uma faixa de filtro de resíduos em espera para as entradas de bueiros.
- Para reduzir a energia nos locais de bueiros.
- Para estabilizar a erosão na cabeça dos bueiros, quando vetiver forem plantadas em curvas de nível acima da cabeça dos bueiros.
- Para eliminar a erosão causada pela ação das ondas, plantando algumas linhas da planta vetiver na borda superior da marca da água nas brechas de terra das barragens de grandes fazendas ou margens do rio.
- Em plantações florestais, para estabilizar as beiradas de estradas de acesso aos despenhadeiros de extremos declives, como também as valas que se desenvolvem após as colheitas.

Dadas as suas características únicas, a planta vetiver efetivamente controla as catástrofes da água, como inundações, erosões costeiras e de margens de rios (ribeirinhas), barragens e diques de erosão e instabilidade geral.

Também protege pontes, pilares de bueiros /ou galerias e as interfaces entre as estruturas de concreto / rocha e solo. A Vetiver é particularmente eficaz em áreas onde o abastecimento nas represas lida com solos erodíveis.

3.7 Vantagens e desvantagens do Sistema Vetiver

Vantagens:

- A grande vantagem do SV sobre medidas de engenharia convencional é o seu baixo custo e longevidade. Para a estabilização das encostas na China, por exemplo, as economias são da ordem dos 85-90% (Xie, 1997 e Xia et al, 1999). Na Austrália, a vantagem de custo de SV sobre os métodos de engenharia convencional varia de 64% para 72%, dependendo do método utilizado (Braken e Truong, 2001). Em resumo, o seu custo máximo é de apenas 30% do custo das soluções de engenharia tradicionais. Além disso os custos anuais de manutenção são reduzidos significativamente, quando as coberturas vetiver ficarem estabelecidas.
- Tal como acontece com outras tecnologias de bioengenharia, SV é um natural, e ambientalmente amigável caminho para manter o controle da erosão e estabilizar a terra que 'suaviza' as severas medidas rígidas da engenharia convencional, tais como estruturas de concreto e pedra. Isto é particularmente importante em áreas urbanas e áreas semi-rurais, onde as comunidades locais condenam a aparência sem visão do desenvolvimento da infra-estrutura.
- Os custos de manutenção a longo prazo são baixos. Em contraste com as estruturas convencionais de engenharia, a tecnologia verde melhora quando a cobertura vegetal amadurece. O SV requer um programa de manutenção planejada nos primeiros dois anos, no entanto, uma vez estabelecido, é virtualmente livre de manutenção. Portanto, o uso de vetiver é particularmente adequado para remover as áreas onde a manutenção é cara e difícil.
- A Vetiver é muito eficaz em solos pobres, altamente erodíveis e dispersíveis.
- O SV é particularmente bem adaptado a regiões com baixo custo de Mao de obra.
- Coberturas de Vetiver são uma natural, suave técnica de bioengenharia, uma alternativa ecológica para estruturas rígidas tais como muros de concreto ou de gabião.

Desvantagens:

- A desvantagem das aplicações SV é a intolerância das coberturas vetiver com respeito as sombras (sombreamento), em particular na fase de estabelecimento. Sombreamento parcial retarda seu crescimento, sombreamento significativo pode eliminá-la a longo prazo, reduzindo a sua capacidade de competir com mais espécies tolerantes à sombra. No entanto, esta deficiência pode ser desejável em situações em que a estabilização inicial exige uma maneira pioneira para melhorar a capacidade do micro-ambiente para hospedar a introdução voluntária ou prevista de espécies nativas endêmicas.
- O Sistema Vetiver só é eficaz quando as plantas ficar bem estabelecidas. O planejamento eficaz requer um período de estabelecimento inicial de cerca de 2-3 meses em clima quente e 4-6 meses em épocas mais frias. Este atraso pode ser acomodado com o plantio adiantado e na estação seca.
- As plantas Vetiver só são plenamente eficazes quando as plantas formam coberturas de crescimento bem juntas. As brechas entre as moitas devem ser re-plantadas oportunamente.
- É difícil de plantar e regar água na vegetação em lugares muito alto ou em despenhadeiros nas encostas.
- Vetiver requer proteção contra o gado durante a sua fase de estabelecimento

Com base nestas considerações, as vantagens do uso de SV como uma ferramenta de bioengenharia superam as suas desvantagens, sobretudo quando vetiver é usado como uma espécie pioneira.

Provas de todo o mundo apóiam o uso do SV para estabilizar encostas. Vetiver tem sido usado com sucesso para estabilizar margens das estradas, entre outros projetos, na Austrália, Brasil, América Central, China, Etiópia, Fiji, Índia, Itália, Madagascar, Malásia, Filipinas, África do Sul, Sri Lanka, Venezuela, Vietnã, e nas Antilhas. Usada em conjunção com aplicações geotécnicas, vetiver tem sido usado para estabilizar aterros ou (taludes) no Nepal e África do Sul.

3.8 Combinação com outros tipos de remediação

A Vetiver é eficaz tanto por si só ou em combinação com outros métodos tradicionais. Por exemplo, num determinado trecho de rio ou açude, rocha ou enrocamento de concreto pode reforçar a parte subaquática, e a vetiver pode reforçar a parte de cima. Esta aplicação de um objeto atrás de outro cria um fator de estabilidade e segurança. Vetiver também pode ser plantado com bambu, uma planta tradicionalmente utilizada para proteger os rios. A experiência mostra que a utilização só de bambu tem vários inconvenientes que podem ser superados através da adição de vetiver. Como observado anteriormente os carreamentos de bambu podem criar sérios problemas em rios onde não há ponte de passagem a nível baixo.

3.9 Modelagem computadorizada

O Software desenvolvido pela Prati Amati, Srl (2006) em colaboração com a Universidade de Milão, determina a porcentagem ou a quantidade de resistência ao cisalhamento que as raízes de vetiver adiciona a vários tipos de solos debaixo de uma linha de plantas de vetiver. O software ajuda a avaliar a contribuição do vetiver para estabilizar despenhadeiros danificados pela erosão, especialmente barragens de terra. Sob o solo e as condições média de inclinação, a instalação do vetiver aumentará a estabilidade das encostas em cerca de 40%.

Utilizando o software, o operador deve indicar os seguintes parâmetros geotécnicos relacionados a um local particular de inclinação:

- Tipo de solo.
- Declividade.
- Máximo teor de umidade.
- Mínima coesão do solo.

O programa fornece o número de plantas por metro quadrado e a distância entre as linhas, considerando a inclinação do terreno da encosta.

Por exemplo:

- uma inclinação de 30% requer seis plantas por metro quadrado (ou seja, 7-10 plantas por metro linear) e uma distância entre as linhas de cerca de 1,7 m.
- uma inclinação de 45% exige 10 plantas por metro quadrado (ou seja, 7-10 plantas por metro linear) e uma distância entre as linhas de cerca de 1 m.

4 DESENHOS E TÉCNICAS ADEQUADAS

4.1 Precauções

O SV é uma tecnologia nova. Como uma nova tecnologia, seus princípios devem ser estudados e aplicados de forma apropriada para obter os melhores resultados. Falhas em não seguir seus princípios básicos irá resultar em decepção, ou pior, resultados adversos ocorrerão. Como uma técnica de conservação do solo e, mais recentemente, uma ferramenta de bioengenharia, a aplicação efetiva do SV requer uma compreensão da biologia, ciência do solo, hidráulica, hidrologia, e princípios de geotecnia e engenharia de solos. Portanto, para médios e grandes projetos que envolvam um importante projeto de engenharia e construção, O SV é melhor implementado por experientes especialistas e não por pessoas dos locais. No entanto, o conhecimento de abordagens participativas e de base comunitária de gestão também são muito importantes. Assim, a tecnologia deve ser concebida e executado por especialistas na aplicação de vetiver, associado com um agrônomo e um engenheiro geotécnico, com o apoio dos agricultores locais.

Adicionalmente, embora seja uma gramínea, a vetiver age mais como uma árvore, dado ao seu profundo e extenso sistema radicular. Para aumentar a confusão, nos SV se pode explorar as diferentes características de vetiver para diferentes aplicações. Por exemplo, suas profundas raízes estabilizam a terra, suas folhas espessas espalham a água e armazena os resíduos, e suas extraordinárias condições de tolerância permitem a reabilitação do solo e contaminação da água.

Alguma falha do SV pode, na maioria dos casos, ser atribuída a ma aplicação em vez da grama em si ou da tecnologia recomendada. Por exemplo, em um caso, vetiver foi utilizado nas Filipinas para estabilizar as rachaduras provocadas por temporais em uma estrada nova. Os resultados foram muito decepcionantes e resultaram em falhas. Elas surgiram depois que os engenheiros que especificaram o SV, o viveiro que forneceu o material de plantio, e os supervisores de campo e trabalhadores que plantaram o sistema vetiver, faltou a todos a experiência anterior ou formação na utilização de SV para estabilização dos taludes nas encostas.

A experiência no Vietnã mostra que vetiver foi muito bem sucedido quando ele for aplicado corretamente. Não é de surpreender, que aplicações inadequadas podem falhar. Aplicações no planalto central do Vietnã mostra que vetiver tem efetivamente protegido aterros rodoviários. No entanto, entre as aplicações de massa em lugares muito altos e em inclinações nas encostas sem bancadas ao longo da estrada de Ho Chi Min, resultaram em falhas. Em suma, para garantir o sucesso, as pessoas que devem tomar as decisões como, planejadores e engenheiros que pretendem utilizar o Sistema

Vetiver para a proteção de infra-estrutura devem tomar em conta as seguintes precauções:

Precauções técnicas:

- Para garantir o sucesso, o projeto deve ser criado ou controlados por pessoas treinadas.
- Pelo menos para os primeiros meses, enquanto a planta estiver em estabelecimento, o local deve ser internamente estável contra possíveis falhas. A Vetiver manifesta sua capacidade total quando madura, e as encostas podem sofrer ruptura durante o período de intervenção.
- O SV é aplicável somente ao solo argiloso nas encostas com inclinações que nunca deve exceder 45-50.
- A Vetiver cresce pouco na sombra, para plantá-la diretamente debaixo de uma ponte ou outros abrigos não funciona bem.

Precauções para a tomada de decisões, planejamento e organização:

- Cronograma: o planejamento deve considerar as estações e o tempo que leva para crescer o plantio de materiais.
- Manutenção e reparação: em um estágio inicial, há um período durante o qual a vetiver ainda não é eficaz. Planejamento e orçamento devem antecipar a substituição de alguns.
- Aquisições: Tudo necessariamente pode e deve ser adquirido a nível local de trabalho, esterco, materiais para a plantação, contratos de manutenção. Oportunidade de emprego proporciona um incentivo para a comunidade local para proteger as plantas durante a sua infância e adolescência, e para manter a qualidade e a sustentabilidade das obras.
- Participação comunitária: Tanto quanto possível, as comunidades locais devem ser incluídas no projeto, compras de materiais e etapas de manutenção. Contratos com a população local devem ser elaborados, administração de viveiros, qualidade / quantidade de especificações e manutenção / e proteção.
- Cronograma: Os gerentes executivos devem estar prontos para inovar e considerar o SV no seu planejamento e orçamento. Para isso, eles necessitam de incentivos para incluir o custo de tais métodos eficazes nos seus planos, assim como eles têm incentivos - justificados ou não - a adotar métodos mais caros e convencionais.
- Integração: Os políticos em geral devem recomendar Sistema Vetiver como parte de uma abordagem global de proteção da infra-estrutura, aplicada em larga escala suficiente para garantir um aumento tangível de perícia e um gradual, efeito de espalhamento. O SV não deve ser considerado apenas como uma correção para lugares de comprometimento local, apesar da sua capacidade de proporcionar um efeito imediato e conciso.

4.2 Época de plantio

A instalação das plantas de vetiver é fundamental para o sucesso e os custos do projeto. O plantio na estação seca exigirá regadas longas e dispendiosas. Experiência na Central Vietnã mostra que regar, diariamente ou duas vezes ao dia é necessário para se estabelecer vetiver em condições extremamente difíceis como o caso de dunas na areia. Na ausência de rega do plantio o crescimento é atrofiado. Uma vez que é difícil para escolher o melhor momento para plantar massas de material vegetal em encostas com rachaduras ao longo da estrada de Ho Chi Minh, por exemplo, regar o plantio mecanicamente é necessário e diariamente, durante os primeiros meses.

A Vetiver geralmente precisa de 3-4 meses para estabelecer-se, às vezes até 5-6 meses, sob condições adversas. Uma vez que vetiver seja totalmente eficaz na idade de 9-10 meses, as plantações de massa devem ocorrer no início da estação chuvosa (desenvolvimento de viveiros e produção de material vegetal devem ser planejado para atender a programação do plantio de massa.

Particularmente no Vietnã do Norte, é possível plantar durante o período de inverno-primavera. Quando as temperaturas ficam inferiores a 10ºC no Vietnã do Norte, a grama não cresce. No entanto, podem sobreviver ao clima frio e continuar crescendo imediatamente quando a chuva de inverno começa e o clima esquenta.

No Centro do Vietnã, onde a temperatura do ar geralmente permanece acima 15'C, a plantação em massa ocorre no início da primavera. Os viveiros exigiram mais cuidados para garantir um bom crescimento e multiplicação dos deslizamentos.

4.3 Berçário

O sucesso de qualquer projeto depende da boa qualidade e de números suficientes de mudas Vetiver no caso de Deslizamentos. Detalhes sobre viveiros e propagação da grama são discutidos na Parte 2. Grandes viveiros geralmente não são obrigados a fornecer material vegetal suficiente. Em vez disso, as famílias de agricultores individualmente podem configurar e supervisionar viveiros pequenos (algumas centenas de metros quadrados cada). Eles serão contratados e pagos pelo projeto de acordo com o número de mudas que podem fornecer, mediante solicitação.

4.4 Preparação para o plantio de vetiver

Em caso de plantação em massa de vetiver envolver a participação das populações locais, uma campanha de plantação eficaz deve incluir as seguintes etapas.

Passo 1: Peritos visitam os locais, e realizam um levantamento para identificar os problemas e projetar a aplicação da tecnologia;

Passo 2: Discutir os problemas e soluções alternativas com a população local;

Passo 3: Uso de oficinas de trabalho e cursos de treinamento para introduzir a nova tecnologia;

Passo 4: Organizar a implementação experimental, através da criação de creches, contratação para aquisição de material de plantio, manutenção, etc;

Passo 5: Acompanhar a execução;

Passo 6: Discutir os resultados do plano piloto, logo após a oficina de trabalho, visita de intercâmbio de campo, etc;

Passo 7: Organizar a plantação em massa.

Nos casos em que empresas especializadas comprometem-se a plantação em massa, os passos 1, 4, 5 são recomendados. No entanto, a participação local ainda é recomendável para aumentar a sensibilização, evitar vandalismo, e garantir que as mudas do plantio estejam protegidas de animais.

4.5 Especificações do plano

4.5.1 Inclinação natural de planalto, inclinação de corte, rachaduras de estradas causadas por tempestades (temporais ou trovoadas), etc.

Para estabilizar encostas naturais de planaltos, pistas cortadas, e rachaduras de estrada, as seguintes especificações podem ser aplicáveis:

- Banco de declive não deve exceder 1 (H) [horizontal]: [vertical] ou 45º, inclinação de terreno de 1,5.: 1 é recomendado. inclinações mais rasas são recomendadas, sempre que possível, especialmente em solos erodíveis e/ou em zonas de elevada pluviosidade.
- As Plantas Vetiver devem ser plantadas em toda a encosta sobre linhas de contorno aproximado com um intervalo vertical (IV) à parte entre 1,0-2.0m, medido na encosta. Espaçamento de 1,0 m deve ser usado em solos altamente erodíveis, que podem aumentar até 1,5-2.0m, em solos mais estáveis.
- A primeira linha deve ser plantada na borda superior da massa. Esta linha deve ser plantada em todas as massas que são maiores do que 1,5 m.
- A linha inferior deve ser plantada no fundo da massa no pés das encostas de massa e nos cortes ao longo da borda de escoamento de massa.
- Entre essas linhas, as Plantas de Vetiver devem ser plantadas como especificadas acima.
- Bancadas ou terraceamento 1-3 h de largura para cada m 5-8 IV é recomendado para pistas que são mais altas do que 10 m.

4.5.2 Margens, erosões costeiras, e estruturas de retenção de instabilidade da água

Para suavização das inundações costeiras, ribeirinhas e dique / proteção das encostas, as seguintes especificações traçadas são recomendadas.

- inclinação máxima dos bancos não deve exceder 1,5 (H): 1 (V). A Inclinação de banco recomendada é de 2,5:1. Observe que o sistema de diques no mar Hai Hau (Nam Dinh) foi construído com uma inclinação de banco de 3:1 e 4:1 (H:V).
- Vetiver devem ser plantadas em duas direções:

Para a estabilização de bancos, as plantas vetiver devem ser plantadas em fileiras paralelas ao fluxo de direção (horizontal), em aproximadas linhas de contorno 0.8-1.0m à parte (medidas descendentes). As especificações de um plano recente para proteger o sistema de diques no mar Hai Hau (Nam Dinh) incluiu o espaçamento entre linhas reduzidas para 0,25 m.

Para reduzir a velocidade de fluxo, as plantas de vetiver devem ser plantadas em linhas normais (ângulo reto) ao fluxo com espaçamento entre linhas de 2,0 m para os solos erodíveis e 4,0 m para um solo estável. Como proteção adicional, as linhas normais são plantadas 1,0 m à parte (distantes) sobre o dique do rio em Quang Nga

- A primeira linha horizontal deve ser plantada na crista da margem e a última linha deve ser plantada na marca da água mais baixa da margem. Nota: uma vez que o nível de água em alguns locais muda sazonalmente, a vetiver pode ser plantada muito mais baixo da margem quando for a hora certa.
- As plantas de Vetiver devem ser plantadas no contorno ao longo do comprimento da margem entre as linhas superior e inferior ao espaçamento especificado acima.
- Devido aos altos níveis de água, as linhas do fundo podem estabelecer-se mais lentamente do que as linhas superiores. Nesses casos, as linhas mais baixas devem ser plantadas quando o solo está seco. Algumas aplicações anti SV protegem os diques de salinidade; nesses casos, a água pode se tornar mais salina em determinadas épocas

do ano, o que pode afetar o crescimento da planta vetiver. Experiências em Quang Ngai mostram que a vetiver pode ser substituída por algumas variedades locais tolerantes ao sal, incluindo a samambaia de mangue.

- Para todas as aplicações, o SV pode ser usado em combinações com outros muros tradicionais, medidas estruturais tal como pedras ou enrocamento de concreto, e muros de retenção, de gabião. Por exemplo, a parte inferior do dique / aterro pode ser coberto pela combinação de enrocamento de pedras e manta geotêxtil, enquanto a metade superior é protegida com cercas de vetiver.

4.6 Especificações de plantio

- Cavar trincheiras que são cerca de 15-20cm de profundidade e largura.
- Coloque as plantas bem enraizadas (cada uma com 2-3 perfilhos, no centro de cada linha de intervalos em 100-120mm para os solos propensos à erosão, e em 150 milímetros para os solos normais.
- Uma vez o solo em encostas, tempestades provocadas por temporais e cheias nos dique / e aterro que não é fértil, é recomendável que o estoque de tubos deva ser utilizado para o plantio em grande escala de massa e de estabelecimento rápido. Adicionando um pouco de uma boa terra misturada com estrume de animais (chorume-lama) é ainda melhor. Naturalmente para proteger as margens de rios onde o solo é fértil o plantio da raiz nua é suficiente, portanto uma regagem inicial pode ser exercida sem qualquer esforço extra.
- Raízes Cobertas com 20-40mm de solo firme e compacto.
- Fertilizar com nitrogênio e fósforo, como DAP (Di-fosfato de amônia) ou NPK (notar que experiência de vetiver não responde significativamente a partir de aplicações de potássio) com 100 g por metro linear. A mesma quantidade de calcário poderá ser necessária quando o plantio for em solos ácidos e solo de sulfato.
- Regar com água no dia do plantio.
- Para reduzir o crescimento de plantas daninhas (mato) durante a fase de estabelecimento, um herbicida pré-emergente como a atrazina pode ser usado.

4.7 Manutenção

Regar

- Em tempo seco, regar com água todos os dias durante as primeiras duas semanas após o plantio e depois a cada segundo dia.
- Regar com água duas vezes por semana até que as plantas estão bem estabelecidas.
- Não é preciso molhar muito mais as plantas maduras.

Replantar

- Durante o primeiro mês após o plantio, substituir todas as plantas que não conseguem estabelecer-se ou lavar-se.
- Continue as inspeções até que as plantas estejam devidamente estabelecidas.

Controle de ervas daninhas

- Controlar ervas daninhas, principalmente videiras, durante o primeiro ano.
- NÃO USE Herbicida RoundUp (glifosato). A Vetiver é muito sensível a glifosato, por isso não deve ser usado para o controle de ervas daninhas entre as linhas de vetiver.

Fertilizantes

Em solo infértil, fertilizante DAP ou NPK deve ser aplicado no início da segunda temporada chuvosa.

Corte

Após cinco meses, o corte regular ou poda é também muito importante. As coberturas (cerca viva de plantas Vetiver) devem ser reduzidas para 15-20 cm acima do solo. Esta técnica simples promove o crescimento de novas mudas a partir da base e reduz o volume de folhas secas que, caso contrário pode ofuscar novos deslizamentos. Aparando o plantio também melhora a aparecimento de arbustos seco de plantas (cerca viva de plantas) e minimiza o perigo de incêndio.

Folhas frescas cortadas também podem ser usadas como pasto para o gado, para o artesanato, e até mesmo telhados de sapé. Por favor, note que a vetiver, plantada com a finalidade de redução de desastres naturais não deve ser usada para fins secundários.

Posteriormente estacas podem ser feitas duas ou três vezes por ano. Cuidados devem ser tomados para garantir que a grama tenha folhas longas durante a temporada de tufões. A Vetiver pode ser cortada imediatamente após o fim da temporada de tufões. Outro momento adequado de corte poderá ser cerca de 3 meses antes da estação de tufões começar.

Barreira e cuidados

Durante o período de vários meses de estabelecimento, a formação de barreiras e os cuidados podem ser necessários para proteger vetiver do vandalismo e do gado. Os caules velhos de vetiver maduros são resistentes o suficiente para desencorajar o gado. Sempre que necessário, é aconselhável cercar a área para proteger a grama, durante os primeiros meses após o plantio.

5 APLICAÇÕES DE SV PARA REDUÇÃO DE DESASTRES NATURAIS E PROTEÇÃO DE INFRA-ESTRUTURAS NO VIETNÃ

5.1 Aplicações do SV para proteção das dunas de areia no Centro do Vietnã.

Uma vasta área, mais de 70.000 hectares (175.000 acres), ao longo do litoral no Centro do Vietnã é coberta por dunas de areia, onde as condições climáticas e de solo são muito graves. Tempestades de areia ocorrem muitas vezes no momento que dunas migram sob a ação do vento. Fluxos de Areia também ocorrem freqüentemente devido à ação de inúmeros riachos permanentes e temporários. Areia soprada e fluxos de areia transportam grandes quantidades de areia das dunas situadas na estreita planície costeira. Ao longo da costa Central do Vietnã, línguas de areia gigante cobrem a planície dia após dia. O Governo tem implementado um longo programa de reflorestamento com variedades como Casuarinas, abacaxi silvestre, eucalipto e acácia. No entanto, quando completos e bem estabelecidos, eles podem ajudar a reduzir apenas a areia soprada. Até agora, aqui não foi encontrada uma maneira de reduzir o fluxo de areia (as árvores não podem estabilizar as dunas de areia, especialmente em sua face coberta, isto foi experimentado no Norte da África pela FAO tendo enorme gastos e não deu certo.

5.1.1 Aplicação experimental e promoção do SV para a proteção de dunas de areia na província costeira de Quang Binh

Em fevereiro de 2002, com o apoio financeiro da Embaixada da Holanda para Pequenos Programa e apoio técnico de Elise Pinners e Hong Pham Duc Phuoc, Tran Van Tan da RIGMR iniciou se um experimento para estabilizar as dunas de areia ao longo da costa Central do Vietnã. Uma duna de areia foi mal erodida por um córrego que servia como uma fronteira natural entre os agricultores e uma empresa florestal. A erosão ocorreu durante vários anos, resultando em um conflito crescente entre os dois grupos. Coberturas Vetiver foram plantadas em fileiras ao longo das linhas de contorno das dunas de areia. Após quatro meses do plantio se formaram coberturas fechadas que estabilizaram as dunas de areia. A empresa florestal ficou tão impressionada que decidiu plantar a grama em massa em outras dunas de areia e até mesmo para proteger um pilar de ponte.

A Vetiver foi mais além e surpreendeu a população local por sobreviver ao inverno mais frio em 10 anos, quando a temperatura desceu abaixo de 10ºC, forçando os agricultores a plantar o dobro de arroz em casca e suas Casuarinas. Depois de dois anos, as espécies locais (principalmente Casuarinas e abacaxi silvestre) se re-estabeleceram. O capim desvaneceu-se sob a sombra dessas árvores, tendo cumprido a sua missão. O projeto provou mais uma vez que, com bom atendimento, vetiver poderia sobreviver a solos muito hostis e diferentes condições climáticas - foto 2.

De acordo com Henk Jan Verhagen da Universidade de Technologia Delft, as Plantas Vetiver podem ser igualmente eficazes na redução da areia em locais de tempestade de areia. Para este fim, a grama poderia ser plantada barrando a direção do vento, especialmente em locais baixos entre as dunas de areia, onde tipicamente a velocidade do vento aumenta. Em Pintang China's Island, ao largo da costa da província de Fujian, a vetiver efetivamente reduziu a velocidade do vento e a tempestade de areia.

Foto 2: Fluxos de areia em Le Thuy (Quang Binh) em 1999: a fundação de uma estação de bombeamento (esquerda) e a fundação da casa de três quarto desta mulher foi danificada pelo movimento da areia (à direita).

Após o sucesso deste projeto-piloto, um seminário foi organizado no início de 2003. Mais de 40 representantes dos departamentos de governos locais, diferentes ONGs, a Universidade Central do Vietnã, e as províncias costeiras participaram. O seminário ajudou os autores deste livro e outros participantes como compor e sintetizar as práticas locais, particularmente em relação a épocas de plantio, irrigação e fertilização. Após o evento, o pessoal de visão do Vietnã decidiu em 2003, financiar outro projeto para os distritos de Vinh Linh e Trieu Phong na província de Quang Tri, como empregar vetiver para a estabilização das dunas de areia - Fotos 3-7.As fotos a seguir resumem um experimento para a estabilização das dunas de areia.

Foto 3: Visão geral do local (à esquerda) e início de abril de 2002, um mês após o plantio (direita).

Foto 4: Esquerda: início de julho de 2002, quatro meses após o plantio; direita: Novembro de 2002, as linhas densas da grama foram estabelecidas.

Foto 5: Esquerda: viveiro de vetiver; direita: Novembro de 2002, a plantação em massa.

Foto 6: Esquerda: Plantas de Vetiver protegendo os pilares da ponte junto a Estrada Nacional nº. 1; direita: Dezembro de 2004, as espécies locais substituíram as plantas vetiver.

Foto 7: Esquerda: meados de fevereiro de 2003, pós-viagem de campo oficina; Nota: Vetiver sobrevive mesmo no inverno mais frio em 10 anos; direita: junho de 2003, os agricultores da província de Quang Tri visitam um viveiro local durante uma viagem de campo patrocinado pela Visão do Mundo do Vietnã.

Foto 8: Esquerda: Março de 2002: SV executado à beira de uma lagoa de camarão, onde um canal drena águas das cheias de Vinh Dien River; direita: Novembro de 2002: o plantio em massa combinado com enrocamento de rochas para proteger as margens (bancos) ao longo do rio Vinh Dien.

5.2 SV para aplicação no controle da erosão das margens do rio

5.2.1 SV em aplicação para controle de erosão das margens de rios no centro do Vietnã.

No âmbito do mesmo projeto mencionado acima da Embaixada Holandesa, a vetiver foi plantada para deter a erosão de um rio, na margem de uma lagoa de camarão, e em um aterro rodoviário em Da Nang City. também plantou em massa a grama em seções nas margens de vários rios. Posteriormente, as autoridades da cidade decidiram financiar um projeto sobre a estabilização de rachaduras nas encostas instalando vetiver ao longo da estrada montanhosa que conduz ao projeto Banana em Da Nang, ilustrando o passo da adoção - Fotos 8-10

Foto 9: Esquerda: Dezembro de 2004: Vetiver, combinadas com enrocamento de rochedos, cresceram após duas épocas de inundação (Da Nang); direita: plantadas por agricultores locais, a vetiver protegendo seus tanques de camarão

Foto 10: Esquerda: Vetiver e enrocamento de pedras (em cima) e com estrutura de concreto (em baixo) protegendo um declive em uma represa; direita: uma curva sobre plantações de Perfume nas bordas de um rio em Hue.

5.2.2 Experimento e desenvolvimento de SV para a proteção das margens de rios em Quang Ngai

Conforme outro resultado deste projeto-piloto, as plantas de vetiver foram recomendadas para uso em outro projeto para redução de desastres naturais na província de Quang Ngai, financiada pela AusAID. Com o apoio técnico por via de Tran Van Tan em julho de 2003, Vo Thanh Thuy e seus co-trabalhadores do Centro Provincial de Extensão Agrícola, plantaram a grama em quatro locais, canais de irrigação e em vários distritos e em proteção aos diques contra intrusões das águas do mar. As plantas de Vetiver prosperaram em todos os lugares e, apesar de sua tenra idade, sobreviveram a uma inundação no mesmo ano - fotos 11-14.

Foto 11: Esquerda: Plantas de Vetiver plantadas no dique do rio ao longo do Rio Tra Bong; direita: revestimento nas laterais do dique de uma entrada (embocadura) de anti-salinidade ao longo do mesmo rio.

Foto 12: Proteção de anti-salinidade em uma seção de um dique com tradicionalenrocamento de pedras de frente para o rio (à esquerda) e ao longo de uma seção de um canal de irrigação,a erosão da superfície desfigura a margem oposta (à direita).

Na sequência destes experimentos bem sucedidos, foi decidido plantar Vetiver em massa em outras seções dos diques de três outros distritos, em combinação com enrocamento de pedras. As modificações introduzidas no desenho para melhor adaptar-se às condições locais das vetiver incluem o plantio de samambaia de mangue e outras gramíneas tolerantes ao sal sobre a linha mais baixa para melhor suportar alta salinidade e para proteger efetivamente o pé da represa na borda com o aterro. Com esse incentivo, as comunidades locais rapidamente estão usando mais a grama vetiver para proteger suas próprias terras.

Foto 13: Esquerda: Margens severamente erodidas do Rio Tra Khuc, na Comunidade de Binh Thoi; direita: Primitivo saco de areia de proteção.

5.2.3 Aplicações do SV para controlar erosões nas margens de rio no Delta de Mekong

Com apoio financeiro da Fundação William Donner e ajuda técnica de Paul Truong, Le Viet Dung e seus colegas da Universidade de Can Tho iniciaram projetos de controle de erosões em rios, no delta de Mekong. Esta área sofreu períodos longos de inundação (até cinco meses) durante as épocas das cheias, com significativa diferença nos níveis de água, até 5 m, entre as estações seca e as de inundação/enchente ocasionado pelo fluxo de água durante a estação das cheias. Além disso, as margens do rio consistem de solos variando de ricos resíduos aluviais e argila, que são altamente erodíveis quando saturados. Devido à melhoria da economia nos últimos anos, a maioria dos barcos que viajam em rios e canais são motorizados, muitos deles com potentes motores que agravam a erosão do rio, ao criar ondas fortes. No entanto, a vetiver mantém a sua posição, a de proteção da erosão de valiosas terras de grandes áreas.

Foto 14: Esquerda: Membros da Comunidade plantando grama Vetiver; direita: Novembro de 2005: As margens do rio permanecem intactas após a época das cheias.

Um abrangente programa de Vetiver foi estabelecido na província de Giang, onde as inundações anuais atingiam profundidades de 6 m. A província de 4932 km de comprimento, o sistema de canais requeria anual manutenção e reparação. Uma rede de diques, de 4600 km de extensão, protegem os 209.957 hectares (525.000 acres) de terra de primeira qualidade, das inundações. As erosões nesses diques é de cerca de 3,75 Mm3/ao ano e exigem US$ M 1,3 dólares para reparos.

A área também inclui 181 grupos de reassentamento (novas comunidades), as comunidades construídas com materiais dragados que também requerem o controle da erosão e proteção contra inundações. Dependendo da localização e profundidade de inundação, vetiver tem sido utilizado com sucesso por si só, e em conjunto com outra vegetação para estabilizar estas áreas. Como resultado, as linhas de vetiver agora são rigorosas no mar e nos sistemas de diques de rios, bem como nas margens de rios e canais do Delta de Mekong. Quase dois milhões de polybags de vetiver, um total de 61 km em linha reta, foram instalados para proteger os diques, entre 2002 e 2005 - fotos 15-16

Entre 2006 e 2010, os 11 distritos da província de An Giang esperam plantar 2025 km de vetiver em 3100 hectares na superfície dos diques. Uma quantidade de 3750 Mm3 de solo ficará desprotegida provavelmente será corroída e 5 Mm3 terá de ser dragados dos canais. Baseado em 2006 os custos atuais, o total custo de manutenção durante este período ultrapassaria os US $ 15.5m só nesta província. Aplicar o Sistema Vetiver nessa área rural proporcionará uma renda extra para a população local: os homens para plantar, e mulheres e crianças a preparar polybags.

Foto 15: Em An Giang plantas de vetiver estabilizam um dique de rio (à esquerda), e a margem natural do rio (direita).

Foto 16: Esquerda: Gramas de Vetiver fazendo fronteira à beira das inundações de centros de reassentamento; direita: os marcadores vermelhos mostram um desenho de cerca de 5 m de terra seca salva por gramas vetiver.

5.3 Aplicação do SV para controle de erosão costeira

Sob os auspícios da Fundação Donner Willian e com suporte técnico de Paul Truong, Le van du da Universidade Agro-Florestal da Cidade de Ho Chi Minh City, em 2001 iniciou os trabalhos em solos de ácido sulfato para estabilizar o canal e canais de irrigação e do sistema de diques no mar na província de Go Cong. A Grama Vetiver cresceu vigorosamente sobre a terra plana das represas em apenas alguns meses, apesar do solo ser bem pobre. A Grama Vetiver agora esta protegendo o dique do mar, a prevenção da erosão superficial e facilitando o estabelecimento de espécies endêmicas - fotos 17 e 18.

Foto 17: Grama Vetiver Plantada por trás de um mangue natural em um dique do mar de solo de ácido sulfato na província de Go Cong, a planta de Vetiver reduz a erosão superficial e promove o re-estabelecimento de gramíneas do local.

Por recomendação de Tran Van Tan, a Cruz Vermelha Dinamarquesa em 2004 financiou um projeto piloto usando vetiver para proteger os diques do mar no distrito de Hai Hau, província de Nam Dinh - 18. Os Dirigentes do projeto ficaram muito surpresos e encantados ao descobrir que a grama vetiver já havia sido instalada; plantadas alguns anos antes, a vetiver estava protegendo vários quilômetros no lado interno do sistema de diques no mar. Embora o projeto fosse feito sem convencionalismos, o plantio estava funcionando, e, mais importante, havia convencido a comunidade local que a planta vetiver foi eficaz. Após o tufão Nº. 7 de Setembro de 2005 que destruiu as seções que o enrocamento de pedras havia protegido, a eficácia da vetiver foi inquestionável. Os agricultores locais pediram uma plantação em massa da Vetiver.

Foto 18: No Vietnã do Norte; esquerda: Gramas de Vetiver plantadas no lado exterior de um dique construído recentemente no mar da província de Nam Dinh; direita: no lado interno do dique, plantada pelo departamento local de Diques.

5.4 Aplicação do SV para estabilizar estradas danificadas (por temporais que atingem as estradas e causan rachaduras nas mesmas)

Na sequência de experiências bem sucedidas por Phan Hong Duc Phuoc (Universidade Agro-Florestal da Cidade de Ho Chi Minh) e Thien Sinh Co. na utilização da Vetiver para estabilizar encostas no Centro do Vietnã, em 2003, o Ministério dos Transportes autorizou a utilização generalizada de Vetiver para estabilizar encostas ao longo de centenas de quilômetros do recém-construída Rodovia (auto-estrada) de Ho Chi Minh.

Rodovia (auto-estrada) e outras estradas nacionais, nas províncias de Quang Ninh, Da Nang, e Khanh Hoa - Foto 19.

Foto 19: Esquerda: Plantas de Vetiver estabilizando cortes (rachaduras) ao longo das encostas da Rodovia (auto-estrada) da Cidade de Ho Chi Minh; direita: a planta sozinha e em combinação com medidas tradicionais.

Este projeto é certamente uma das maiores aplicações do SV na proteção de infra-estrutura no mundo. Toda a Rodovia de Ho Chi Minh tem mais de 3000 km de comprimento. Toda a rodovia (auto-estrada) está sendo e será protegida pela vetiver, plantadas com variedade de solos e climas: a partir de solos montanhosos e frios do inverno no Norte a solo de sulfato extremamente ácido e quente, clima úmido no sul. O uso extensivo do vetiver para estabilizar as obras das rachaduras (cortes) nas encostas, por exemplo:

- Aplicado principalmente como uma medida de proteção a superfície de taludes, que reduz consideravelmente o fluxo de água que induz a erosão, que de outra forma pode causar estragos ao rio abaixo. - fotos 20 e 21.

Foto 20: Esquerda; se for não devidamente protegida de rocha/ solo deste despejo de resíduos irá lavar rio abaixo para bem longe. Direita: O Impacto rio abaixo com uma aldeia no distrito de U Luoi, na província de Thua Tien Hue.

Foto 21: Da Deo Pass, Quang Binh: Esquerda: Cobertura vegetal é destruída, revelando falhas feias e contínuas de cortes nas encostas; direita: Linhas de Vetiver no topo da encosta espremem muito lentamente para baixo, reduzindo consideravelmente a massa que falhou.

- Evitando e segurando, notavelmente estabiliza as rachaduras das encostas o que reduz consideravelmente o número de falhas profundas
- Em alguns casos em que as falhas de inclinação profunda não ocorrem, a vetiver ainda faz um trabalho muito bom em retardar as falhas e reduzir os defeitos da massa.
- As Plantas Vetiver mantém a estética rural e a ecologia amigável da estrada.

Em uma estrada que leva à Rodovia de Ho Chi Minh, Pham Hong Duc Phuoc demonstrou claramente como o SV deve ser aplicado, bem como a sua eficácia e sustentabilidade - foto 22.

Ele (Phan Hong Duc Phuoc) cuidadosamente fez o monitoramento do desenvolvimento da Vetiver na sua criação (65-100%), o seu crescimento até seis meses (95-160 cm e após seis meses, taxa de perfilhamento (18-30 perfilhos {brotos laterais de um caule} por planta), e profundidade da raiz nas rachaduras - Tabela 6 acima.

Os sucessos e fracassos usando a Vetiver para proteger as rachaduras nas encostas ao longo da Rodovia de Ho Chi Minh são instrutivas:

- As vertentes (declives) primeiro devem ser internamente estáveis, uma vez que vetiver é mais útil na maturidade, os taludes podem falhar durante o plantio e é muito importante também que as falhas nas encostas devam ser evitadas na época das chuvas.

Foto 22: Pham Duc Hong Phuoc, um projeto de proteção de estrada na província de Khanh Hoa, estrada para Hon BA): deixou duas fotos: erosão severa em uma massa recém-construída ocorre depois de somente poucas chuvas; direita duas fotos: oito meses após o plantio de vetiver: Vetiver estabilizar este declive, totalmente parando e prevendo a erosão durante a próxima estação chuvosa.

- Ângulo adequado de inclinação não deve exceder 45-50 graus.
- A poda regular vai garantir um crescimento assegurado e perfilhamento do capim e, assim, assegurar uma densa e eficaz coberturas de plantas de falhas profundas.

6 CONCLUSÕES

Na sequência de consideráveis investigações, mais os sucessos das muitas aplicações apresentadas nesta parte, já temos provas suficientes de que a vetiver, com suas infinitas vantagens e com muito poucas desvantagens, seu método eficaz, econômico, baseado em comunidade e ambientalmente amigável ferramenta sustentável da bioengenharia que protege a infra-estrutura e reduz as catástrofes naturais, e, uma vez estabelecidas, as plantações de vetiver vão durar por décadas, com pouca ou nenhuma manutenção. O SV foi usado com sucesso em muitos países do mundo, incluindo Austrália, Brasil, América Central, China, Etiópia, Índia, Itália, Malásia, Nepal, Filipinas, África do Sul, Sri Lanka, Tailândia, Venezuela e Vietnã. No entanto, convém sublinhar que as chaves mais importantes para o sucesso de qualidade são: Ter um bom material de plantio, Projeto adequado, e técnicas corretas de plantio.

Tabela 6: Profundidade da raiz Vetiver em Hon Ba nas estradas danificadas por temporais.

	Posição no terreno	Profund idade da raiz (cm/polegada)			
		6 meses	12 meses	1/5ano	2 anos
	Corte				
1	Fundo	70/28	120/47	120/47	120/47
2	Meio	72/28	110/39	100/39	145/157
3	Topo	72/28	105/41	105/41	187/74
	Preenchimento				
4	Fundo	82/32	95/37	95/37	180/71
5	Meio	85/33	115/45	115/45	180/71
6	Topo	68/27	70/28	75/28	130/51

7 REFERÊNCIAS

Bracken, N. e Truong, PN. (2 000). Tecnologia de Aplicação da Grama de Vetiver para estabilidade das infra-estruturas rodoviárias na região tropical e úmida da Austrália. Proc. Segunda Conferência International de Vetiver na Tailândia, janeiro de 2000.

Cheng Hong, Xiaojie Yang, Aiping Liu, Hengsheng Fu, Ming Wan (2003). Um estudo sobre o Desempenho (Execução) Mecânico de Reforço ao Solo através do Sistema de Raiz da Planta Vetiver. Proc. Terceira Conferência Internacional da Planta Vetiver na China, Outubro de 2003.

Dalton, P.A., Smith, R.J. e Truong, P.N.V. (1996). Coberturas de Capim (Grama) de Vetiver para controle de erosão em uma colheita várzea sujeita a inundações, Recursos Hidráulicos para as Barreiras Vivas da Planta Vetiver. Agric. Recursos Hídricos: 31 (1,2) pp 91-104.

Hengchaovanich, D. (1998). Grama Vetiver para estabilização de encostas e controle da erosão, com especial referência para aplicações em engenharia. Boletim Técnico Nº. 1998 / 2. Rede Vetiver de Orlas do Pacific. Gabinete da Família Real para Projetos do Conselho de Projetos e Desenvolvimento Bancoc, Tailândia.

Hengchaovanich, D. e Nilaweera, N.S. (1996). Uma avaliação de propriedades de resistência das raízes da grama Vetiver em relação à estabilização de encostas. Proc. Primeira Conferência Internacional Vetiver pp na Tailândia. 153-8.

Jaspers-Focks, D.J e Algera A. (2006). Grama Vetiver para a Proteção de margem de rio. Proc. Quarta Conferência Internacional Vetiver na Venezuela, outubro de 2006.

Le Van Du, e Truong, P. (2003). Sistema Vetiver de Controle a Erosão em drenagens e canais de irrigação em Solos Duros de Ácido de Sulfato no sul do Vietnã. Proc. Terceira Conferência Internacional Vetiver na China, Outubro de 2003.

Prati Amati, Srl (2006). modelo de resistência ao cisalhamento. "PRATI Armani Srl info@pratiarmani.it".

Truong, P.N (1998). Tecnologia da Grama Vetiver como uma ferramenta de bio-engenharia para a proteção de infra-estrutura. Simpósio de Procedimentos da Região Norte. Queensland Departamento de Estradas Principais, Cairns. Agosto de 1998.

Truong, P., Gordon, I. e Baker, D. (1996). Tolerância da Grama Vetiver de algumas condições adversas do solo. Proc. Primeira Conferência Internacional Vetiver na Tailândia, Outubro de 2003.

Xia, H. P. Ao, H. X. Liu, S. Z. e He, D. Q. (1999). Tecnologia de bio-engenharia para aplicação (utilização) da grama (capim) vetiver para a prevenção de derrapagens no Sul da China. Seminário Internacional de Vetiver, Fuzhou, China, Outubro de 1997.

Xie, F.X. (1997). Vetiver para a estabilização da rodovia no Condado (Comarca) de Jian Yang: Demonstração e Extensão. Procedimentos Abstratos. Seminário Internacional de Vetiver, Fuzhou, China, Outubro de 1997.

PARTE 4

SISTEMA VETIVER PARA PREVENÇÃO E TRATAMENTO DA TERRA E DE ÁGUA CONTAMINADA

CONTEÚDO

1 INTRODUÇÃO

No andamento da pesquisa à aplicação de seus atributos extraordinários para conservação do solo e da água, o sistema vetiver, também foi estabelecido por possuir características morfológicas e fisiológicas únicas e é particularmente adequado para a proteção ambiental, em especial na prevenção e tratamento da terra e da água contaminada. Estas características notáveis incluem um elevado nível de tolerância a níveis elevados de tóxicos de salinidade e acidez, alcalinidade, sodicidade, e toda uma gama de metais pesados e agrotóxicos, bem como a excepcional capacidade de absorver e tolerar níveis elevados de nutrientes que consomem grandes quantidades de água no processo de produção de um enorme crescimento em condições úmidas.

Aplicar o Sistema Vetiver (SV) para tratamento de resíduos da água é uma tecnologia de fitoremediação inovadora que tem um potencial tremendo. O SV é uma solução natural, verde, simples, viável e rentável. Mais importante ainda, o subproduto das folhas de vetiver oferecem variedades de uso, desde artesanato, alimentos para animais, palha, que podem ser usados na fabricação de telhados e chapéus... etc., mulch (composto ou adubo de folhas vetiver para de enriquecimento do solo), combustível, podemos citar mais usos.

Sua eficácia, simplicidade e baixo custo tornam o Sistema Vetiver um parceiro bem-vindo em muitos países tropicais e subtropicais que fornecem tratamento de esgoto doméstico (tratamento de resíduos da água), municipal e industrial e requerem fitoremediação, reabilitação de minas.

2 COMO FUNCIONA O SISTEMA VETIVER

SV previne e trata o solo e águas contaminadas das seguintes maneiras:

Prevenção e tratamento de água contaminada:

- Elimina ou reduzir o volume de águas residuais (resíduos da água).
- Melhora a qualidade das águas residuais e água poluída.

Prevenção e tratamento de solos contaminados:

- Controla a poluição da terra fora do local.
- Fitoremediação de solos contaminados.
- Interceptação de materiais erodidos e lixo na água da enxurrada.

- Absorvendo metais pesados e outros poluentes.
- Tratar nutrientes e outros poluentes das águas residuais e lixiviados (água infiltrada através de um sólido e filtra para fora alguns dos seus componentes).

3 CARACTERÍSTICAS ESPECIAIS ADEQUADAS PARA FINS DE PROTEÇÃO AMBIENTAL

Como abordados na Parte 1, várias das características especiais de vetiver são aplicáveis ao tratamento de resíduos da água, entre eles os seguintes atributos morfológicos e fisiológicos:

3.1 Atributos morfológicos

- O Capim Vetiver tem um enorme e profundo sistema de crescimento rápido de raízes capaz de atingir 3,6 m de profundidade em 12 meses em um solo bom.
- Suas raízes profundas garantem grande tolerância à seca, permitem excelente infiltração de umidade do solo penetram nas camadas de solo compactado, aumentando assim a drenagem profunda.
- A maioria das raízes do sistema vetiver massivo de raízes são muito finos, com diâmetro médio de 0.5-1.0mm (Cheng et al, 2003). Isso proporciona um enorme volume de rizosfera de crescimento e multiplicação de bactérias e fungos, permitindo a absorção de contaminantes e processos de decomposição como nitrificação.
- O Vetiver ereto e brotos fortes podem crescer até três metros. Quando plantados juntos formam uma barreira viva porosa que retarda o fluxo de água e funciona como um bio-filtro eficaz, prendendo os sedimentos finos e ásperos, e até mesmo pedras no escoamento da água - foto 1.

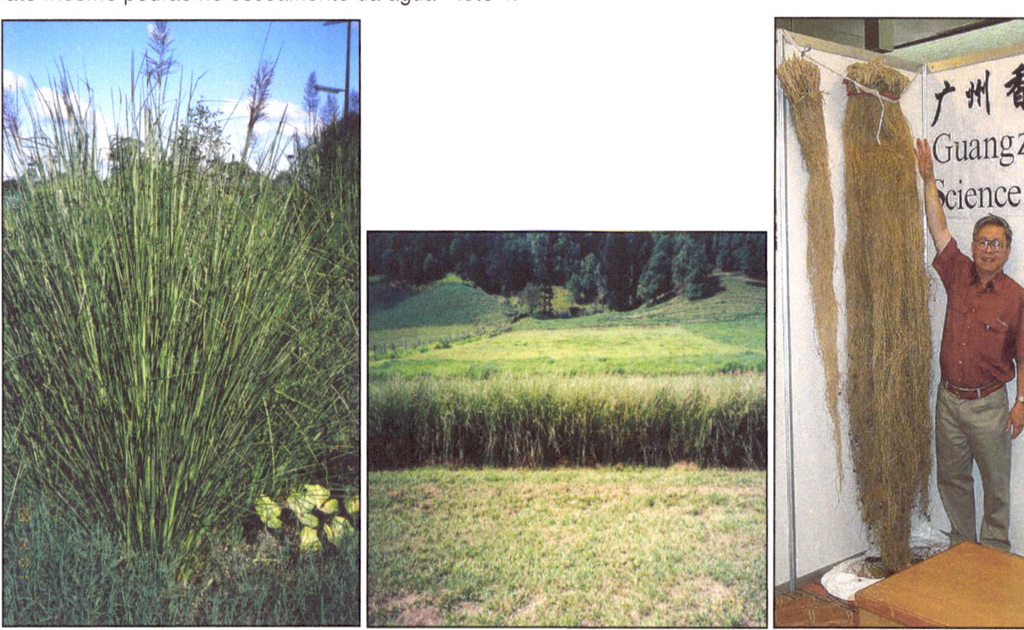

Foto 1: As características morfológicas da vetiver.

3.2 Atributos fisiológicos

- Altamente tolerante a solos ricos em acidez, alcalinidade, salinidade, sodicidade e magnésio.
- Altamente tolerante ao Al, Mn e metais pesados como As, Cd, Cr, Ni, Pb, Hg, Se e Zn no solo e na água (Truong e Baker, 1998).
- Altamente eficientes na absorção de N e P dissolvidos em água poluída - Figura 1.
- Altamente tolerante a níveis elevados dos nutrientes N e P no solo - figura 2.
- Altamente tolerante a herbicidas e pesticidas.
- Decompõe os compostos orgânicos associados a herbicidas e pesticidas.
- Regenera rapidamente após a seca, geada, fogo, soro fisiológico e outras condições adversas, quando estas condições adversas são suavizadas ou mitigadas.

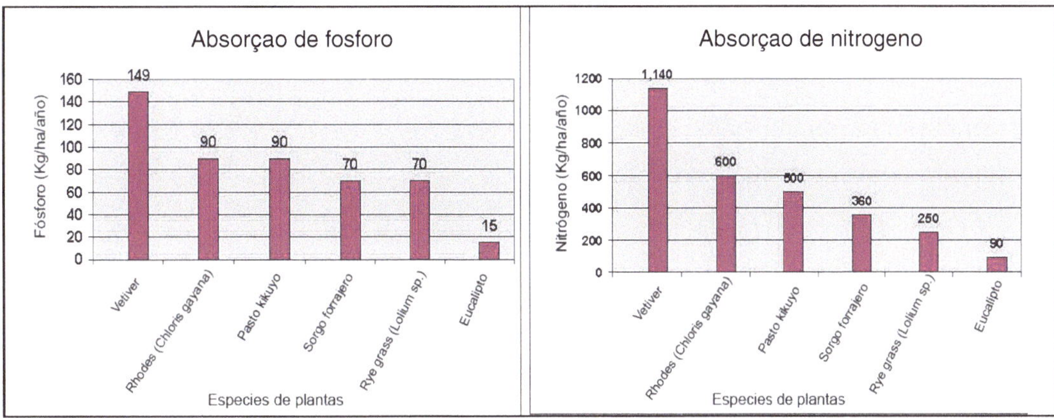

Figura 1: Maior capacidade de absorção de N e P do que em outras plantas. Aplicação de P (kg / ha / ano) - Aplicação de N (kg / ha / ano)

Figura 2: Alto nível de tolerância e capacidade de absorção de P e N.

4 PREVENÇÃO E TRATAMENTO DE ÁGUA CONTAMINADA

Extensivas P & D, e Aplicações na Austrália, China, Tailândia e outros países têm demonstrado que a vetiver é altamente eficaz no tratamento da poluição das descargas de resíduos das águas doméstica e industrial.

4.1 Reduzir ou eliminar o volume de águas residuais

Métodos vegetativos atualmente é a única forma viável e possível para eliminar totalmente ou reduzir os efluentes (resíduos líquidos) em grande escala. Na Austrália, a vetiver tem largamente deslocado árvores e espécies de pastagens, como meios mais eficazes para o tratamento das obras escoadas (filtrados) de aterros, e resíduos líquidos domésticos e industriais descarregados em partes de rio ou mar. Para saber a quantidade proporcional de uso da água de vetiver, estima-se que para 1 kg da biomassa de brotos secos sob condições ideais em estufas, a vetiver usará 6.86 Litros/dia. Uma vez que a biomassa de Vetiver de 12 semanas de idade, no seu ciclo máximo de crescimento é de cerca de 30,7 t / ha, um hectare de vetiver potencialmente usaria 279 KL/ha/dia (Truong e Smeal, 2003).

4.1.1 Eliminação de resíduos líquidos sépticos

Em 1996, o sistema vetiver (SV) foi aplicado pela primeira vez na Austrália para o tratamento de águas residuais. Mais tarde, estudos demonstraram que o plantio de cerca de 100 plantas de vetiver em uma área do parque, menos de 50m2 completamente secaram a descarga de efluentes de um bloco de instalações sanitárias. Outras plantas, incluindo as gramíneas tropicais de rápido crescimento e árvores, e culturas (safras) como a cana-de-açúcar e banana, falharam (Truong e Hart, 2001)

4.1.2 Eliminação de lixiviados de aterros

Eliminação de lixiviados de aterros sanitários é um grande problema nas grandes cidades, uma vez que é geralmente e altamente contaminados com metais pesados, bem como a poluentes orgânicos e inorgânicos. Austrália e China têm abordado este problema usando chorume (estrume) coletado no fundo dos depósitos para irrigar as plantas vetiver, plantadas no topo do monte de aterros e nos muros de contenção das barragens. Os resultados até agora têm sido excelentes. Na verdade, o crescimento de vetiver foi tão forte que, durante o período seco, os aterros não geram chorume (estrume) suficiente para irrigar as plantas. O plantio de 3.5ha de plantas vetiver efetivamente eliminou 4 ML de lixiviados por mês no verão e 2 ML em um mês no inverno (Percy e Truong, 2005).

Foto 2: Vetiver limpou as algas verdes azuis em quatro dias. Esgoto de efluentes contendo elevados niveis de nitrato (100 mg / L) e fosfato (10 mg / L) (à esquerda). Efluente de esgoto depois de quatro dias (direita). SV reduziu o nível de N a 6 mg / L (94%) e P a 1 mg / L (90%).

4.1.3 Eliminação de efluentes industriais

Em Queensland, na Austrália, um grande volume de águas residuais industriais geradas por uma instalação de processamento de alimentos (1,4 milhões de litros / dia) e um matadouro bovino (1,4 milhões de litros / dia) foram dispersadas com sucesso pela irrigação do solo usando vetiver (Smeal et al, 2003).

4.2 Melhoria da qualidade das águas residuais

A eliminação da poluição em locais é a maior ameaça ao meio-ambiente no mundo. Embora difundida em países industrializados, é particularmente grave nos países em desenvolvimento, que muitas vezes não dispõem de recursos suficientes para atenuar o problema. Métodos Vegetativos são geralmente os mais acessíveis e eficientes maneiras de melhorar a qualidade da água.

4.2.1 Interceptação de detritos, sedimentos e agro-químicos em terras agrícolas

Na Austrália em pesquisas conduzidas em cana-de-açúcar e fazendas de algodão mostram que a vetiver segurou eficazmente partículas ligadas de nutrientes, como P e Ca; herbicidas, como diuron, trifluralina, prometrina e Fluometurão; e pesticidas, como A, B e endosulfan sulfato de endosulfan e clorpirifos, paration, e profenofos. Se a vetiver tivesse sido estabelecida através das linhas de drenagem, estes nutrientes e produtos agro-químicos poderiam ser mantidos no local (Truong et al. 2000) - Figura 3.

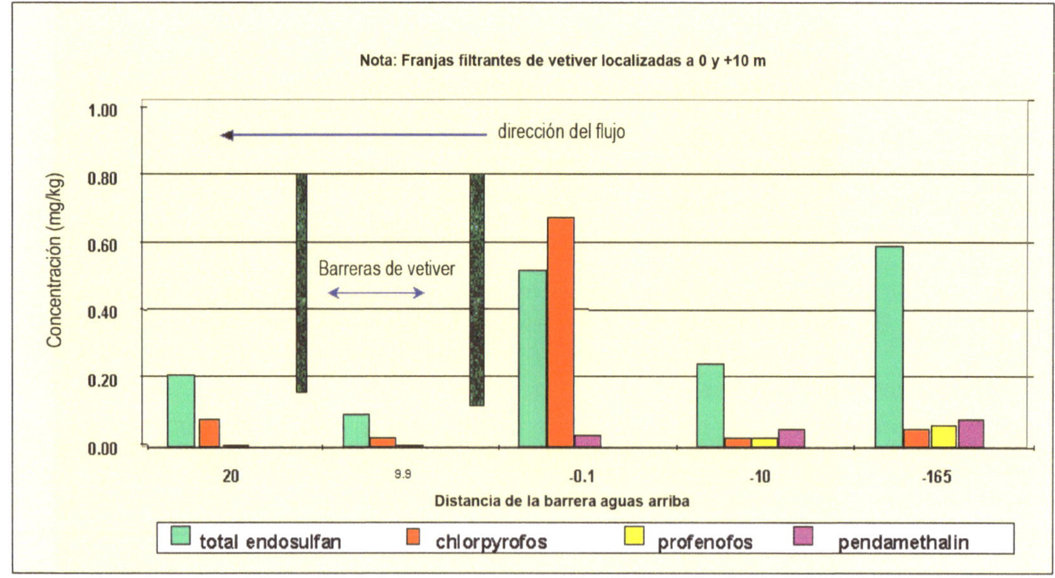

Figura 3: Concentração de herbicida depositado sobre o solo em cima e para baixo do fluxo do filtro das faixas de vetiver.

Um experimento conduzido na Tailândia, no Sai Huai Royal Centro de Estudos de Desenvolvimento, Província de Phetchaburi, mostra que as coberturas de contorno de Vetiver plantadas lado a lado e nas encostas, forma uma barragem viva ao passo que, paralelamente, seu sistema radicular forma uma barreira subterrânea que impede a veiculação hídrica de resíduos de pesticidas e outras substâncias tóxicas de fluir para dentro do corpo de água abaixo. outras substâncias tóxicas de fluir para dentro do corpo de água abaixo. Grossos colmos logo acima da superfície do solo também recolhem os restos e partículas do solo transportadas ao longo da via navegável. (Chomchalow, 2006).

4.2.2 Absorvendo e tolerando poluentes e metais pesados

A utilidade de Vetiver no tratamento da água poluída reside na sua capacidade de absorver rapidamente os nutrientes e metais pesados, e sua tolerância a níveis elevados destes elementos. Embora as concentrações destes elementos em plantas de vetiver, muitas vezes não são tão elevados como os de hiper-acumuladores, o seu crescimento muito rápido e alto rendimento (produção de matéria seca até 100/ha/anual) permite a Vetiver remover um volume muito maior de nutrientes e metais pesados de terras contaminadas que a maioria dos hiper-acumuladores.

No Sul do Vietnã, um ensaio de demonstração foi criado em uma fábrica de processamento de frutos do mar (mariscos) para determinar o período de tempo que os efluentes (resíduos da água) devem permanecer no campo de Vetiver, antes que suas concentrações de nitrato e fosfato fossem reduzidas a níveis aceitáveis. Os resultados do teste mostraram que o total teor de N nas águas residuais foi reduzido para 88% e 91% após 48 e 72 horas de tratamento, respectivamente, enquanto o total de P foi reduzido para 80% e 82% após 48 e 72 horas de tratamento. A quantidade total removida de N e P em 48 - e 72 horas de tratamentos não foram significativamente diferentes (Luu et al, 2006). Depois destes ensaios, um número de fazendas de peixes no Delta de Mekong aprovou o SV para estabilizar diques de tanque de peixes (diques em viveiros de peixes), para purificar a água dos tanques de peixes, e para tratar as águas residuais (resíduos da água) de outras fazendas - foto 3.

No Norte do Vietnã, os resíduos da água de uma pequena fábrica de papel em Bac Ninh e uma pequena fábrica de

Foto 3: Controle de erosão e tratamento de esgoto em uma fazenda de peixes de água doce no Delta de Mekong.

Foto 4: Esquerda: Vetiver em Bac Ninh; direita: em Bac Giang.

fertilizantes de nitrogênio em Bac Giang é altamente poluída com nutrientes e substâncias químicas como os lixiviados (água infiltrada através de uma sólido e filtra para fora alguns dos components) do aterro. As fábricas lançam seus esgotos diretamente em um pequeno rio no Delta do Rio Vermelho (Red River Delta). Instalados em ambos os locais, a vetiver tornou-se bem estabelecida após dois meses. Até o presente momento, a grama na fábrica de papel em Bac Ninh esta geralmente em boa forma, com exceção de algumas seções ao lado da água poluída, onde estas seções mostram sintomas de toxicidade. Por outro lado, apesar das condições serem altamente poluídas, a vetiver está estabelecida e crescendo bem na fábrica de fertilizantes de nitrogênios em Bac Giang. Excelente crescimento foi registrado para este local sob condições de semi-pantanal, onde vetiver deverá reduzir significativamente os níveis de poluentes - foto 4.

Na Austrália, cinco linhas de Vetiver foram sub irrigadas superficialmente com descarga de efluentes a partir de um tanque séptico. Após cinco meses, o total de doses de N de escoamento coletados após duas linhas foram reduzidas para 83%, e depois de cinco linhas para 99%. Da mesma forma, os níveis totais de P foram respectivamente, reduzidos para 82% e 85%, (Truong e Hart, 2001) - Figura 4.

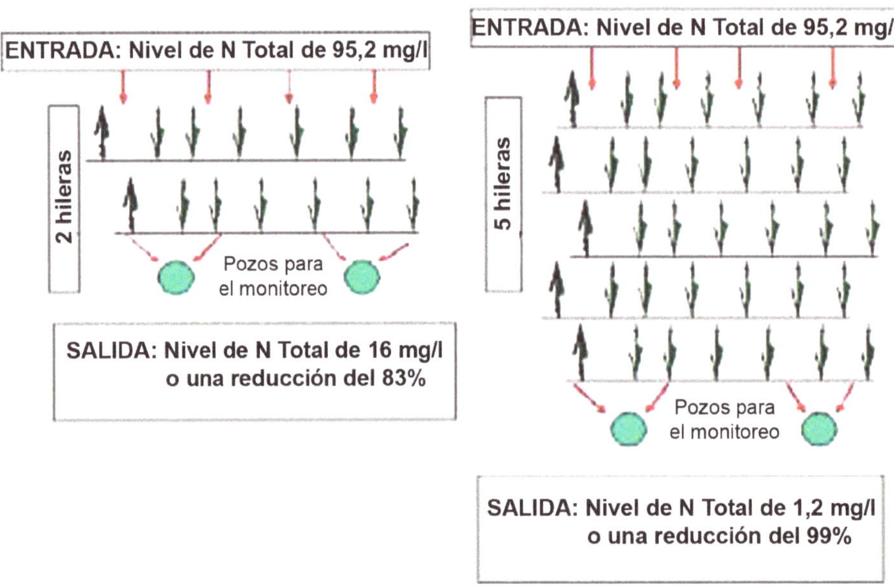

Figura 4: Eficácia da redução de N em esgoto doméstico

Na China, os nutrientes e metais pesados das criações de suínos são as principais fontes de poluição da água. Águas residuais provenientes da suinocultura contém níveis muito elevados de N e P e também de Cu e Zn, que são adicionados aos alimentos para animais como agentes de crescimento. Os resultados mostram que a vetiver tem uma ação muito forte de purificação. A sua taxa de captação e purificação de Cu e Zn é de 90%; As e N> 75%; Pb é entre 30% -71% e P está entre 15-58%. A Vetiver tem a capacidade de purificar metais pesados e N e P das explorações suinoculturas é classificado como: Zn> Cu> As> N> Pb> Hg> P (Liao et al, 2003).

4.2.3 Zonas úmidas

Naturais e construídas zonas úmidas efetivamente reduziram a quantidade de contaminantes no escoamento de ambas as terras agrícolas e industriais. Usando zonas úmidas para remover poluentes requer o uso de uma complexa variedade de processos biológicos, incluindo transformações microbiológicas e processos físico-químicos tais como adsorção, precipitação ou sedimentação, plantas tais como Iris pseudacorus, Typha spp, Schoenoplectus validus e Pharagmites australis. A uma taxa média de consumo de 600 ml / dia / por vaso durante 60 dias, a vetiver utilizou 7,5 vezes mais água do que Typha (Abate et al. 2000). Uma Zona úmida (Pantanal) foi construída para tratar esgotos gerados por uma pequena cidade rural. O objetivo do projeto era reduzir ou eliminar os 500ML/dia de efluentes gerados por uma pequena cidade, antes da descarga no interior - foto 5. Surpreendentemente, as zonas úmidas de Vetiver absorveram todos os efluentes (resíduos líquidos) produzidos por esta cidade (Ash e Truong, 2003). Tabela 1. Em condições úmidas, na Austrália, a vetiver teve a maior taxa de utilização de água, quando comparado com zonas úmidas

A China tem a maior criação de suínos do mundo. Em 1998, somente a província de Guangdong tem mais de 1600 criações suinícolas; mais de 130 criadores produzem anualmente mais de 10.000 suínos para fins comerciais. Grandes pocilgas produziram 100-150 toneladas de águas residuais por dia, incluindo dejetos de suínos coletados em pavimentos, que contêm elevadas cargas de nutrientes. Consequentemente, o escoamento das águas residuais provenientes de explorações de suínos é um problema enorme. Zonas úmidas são consideradas como a forma mais eficiente para reduzir o volume e altas cargas de nutrientes de efluentes da suinocultura. Para determinar as plantas mais adequadas para o sistema de zonas úmidas, a vetiver foi incluída no teste de dúzias de espécies mais promissoras, o qual inicialmente

Tabela 1: níveis de qualidade dos efluentes antes e após o tratamento vetiver.

Testes	Novus afluentes (mg/l) Resultantos	2002/03 (mg/1)	Resultandos (mg/1)
PH (6,5 a 8,5)*	pH 7.3-8.0	pH 9.0-10.0	pH 7.6-9.2
Oxigênio dissolvido (2,0 mg 1/min)*	0-2	12.5-20	8.1-9.2
5 Day BOD (20-40mg/1max)*	130-300	29 a 70	1-7
Solidos suspensos (30-60 mg max/1)*	200-500	45 a 140	11-16
Total de Nitrogênio (6,0 mg max/1)*	30-80	13 a 80	4.1-5.7
Total de Fósforo (3,0 mg max/1)*	10-20	4.6 a 8.8	1.4-3.3

classificou as três primeiras como Vetiver, Cyperus alternifolius e Cyperus exaltatus. Entretanto, o teste revelou ainda que exaltatus Cyperous murchou e tornou-se inativo durante o Outono, rejuvenescendo na próxima primavera. Uma vez que um eficaz tratamento de águas residuais requer um ano de crescimento contínuo global, somente Cyperus alternifolius e a Vetiver foram determinadas para ser adequadas para o tratamento de efluentes de zonas úmidas de suiniculturas (Liao, 2000) - foto 6

Na Tailândia uma pesquisa muito profunda foi realizada nos últimos anos sobre a aplicação do SV para o tratamento de águas residuais em construídas zonas úmidas. Um estudo utilizou três ecotipos de Vetiver (Monto, Surat Thani, e Songkhla 3) para tratar as águas residuais de uma fábrica de farinha de tapioca, empregando dois sistemas de tratamento: (a) Conservando os resíduos da água em uma zona úmida de vetiver durante duas semanas e, em seguida drená-la até

Foto 5: Esquerda: Pantanal (local úmido) de Vetiver; direita: eliminação de lixiviados (água infiltrada através de um sólido que filtra alguns dos components para fora) pelo sistema de irrigação, na Austrália.

Foto 6: Esquerda: Pontões de Vetiver nos viveiros de fazenda de suínos em Bien Hoa; a direita: em Guangzhou, China.

se esgotar, e (b) Conservando os resíduos da água em zonas úmidas de vetiver durante uma semana e, em seguida, drenando-o continuamente por um total de três semanas. Em ambos os sistemas Monto apresentou o crescimento mais rápido de broto, raiz e de biomassa, e absorveu os níveis mais elevados de P, K, Mn e Cu nos brotos e raízes (Mg, Ca e Fe na raiz, e Songkhla 3 absorveu os níveis mais elevados de Ca, Fe no broto, e nível máximo de N na raiz. (Chomchalow, 2006, cit. Techapinyawat 2005).

4.2.4 Modelagem por computador para efluentes industriais

Os Modelos em computadores tornaram-se ferramentas cada vez mais indispensáveis para gerir os sistemas ambientais, incluindo os complexos planos de gerência no manejo industrial de resíduos da água, tais como saneamento industrial de resíduos da água. Em Queensland, na Austrália, a Autoridade de Proteção Ambiental aprovou MEDLI (Modelo para a Eliminação de Efluentes, utilizando Irrigação por Terra) como um modelo básico para a gestão industrial de resíduos da água. O desenvolvimento recente mais significativo no uso do SV para escoamento de águas residuais é de calibração vetiver MEDLI para a absorção de nutrientes e irrigação de efluentes (resíduos da água) (Vieritz, et al., 2003), (Truong, et al., 2003a), (Wagner, et al. 2003), (Smeal, et al., 2003).

4.2.5 Modelagem por computador para águas residuais

Um modelo de computador foi desenvolvido recentemente na região sub-tropical da Austrália, para estimar a área necessária para o plantio de vetiver para eliminar totalmente a saída de água preta e cinza de cada casa. Por exemplo, uma área de plantio de vetiver de 77m2, com uma densidade de 5 plantas/m2, é necessário para atender uma família com seis pessoas, com base em uma saída de 120L/por/pessoa/dia.

4.2.6 Tendência futura

Como a escassez de água é alarmante em todo o mundo, as águas residuais devem ser consideradas como um recurso renovável e não como um problema que exige a eliminação. A tendência atual é a reciclagem de águas residuais para uso doméstico e industrial, em vez de descartá-la. Portanto, o potencial do SV como um caminho de forma simples, higiênica e de baixo custo para tratamento e reciclagem de águas residuais resultantes das atividades humanas é enorme - Figura 5.

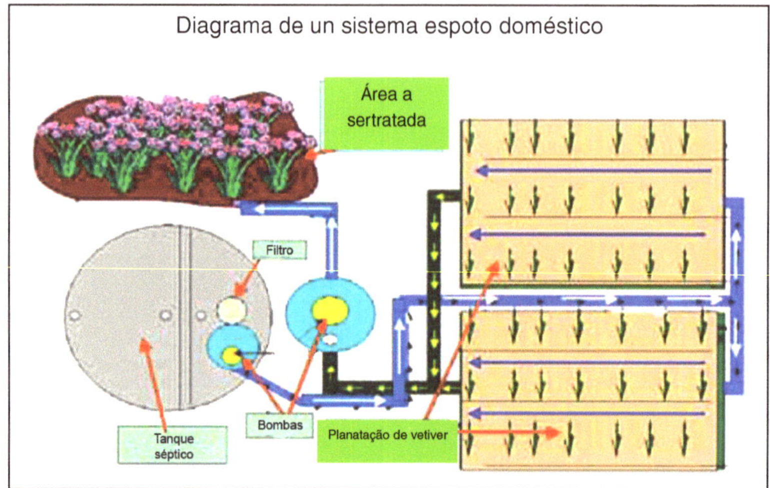

Figura 5: Esquema de um sistema de escoamento doméstico

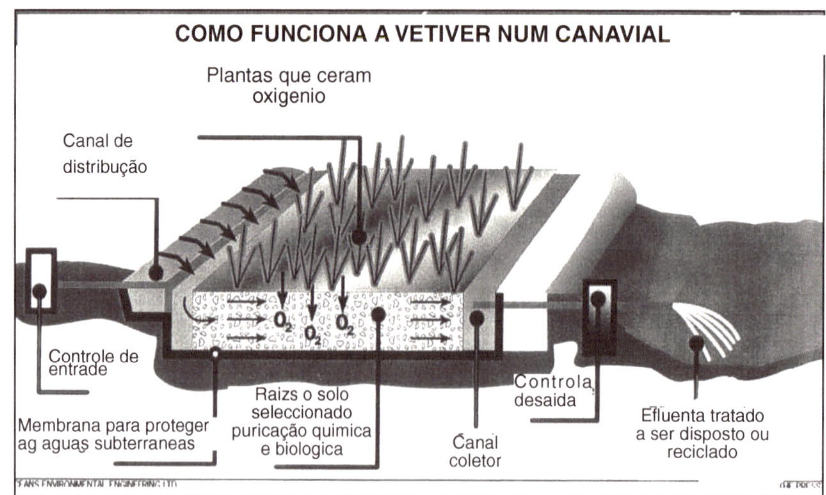

Figura 6: Típico funcionamento de um leito canavial

Um desenvolvimento muito emocionante no tratamento de efluentes é o uso de vetiver em solo de canaviais. Nesta nova aplicação a produção de qualidade e quantidade da água pode ser ajustado para satisfazer um padrão definido. GELITAAPA, a Austrália está desenvolvendo e testando este sistema. Todos os detalhes deste sistema são encontrados em (Smeal et al. 2006) - Figura 6.

5 TRATAMENTO DE TERRAS CONTAMINADAS

Entre os desenvolvimentos mais significativos na proteção do meio-ambiente nos últimos 15 anos são as documentadas tolerâncias da vetiver à condições adversas do solo e toxicidade a metais pesados. Estes valores de referência abriram um novo campo de aplicação do SV: a reabilitação de resíduos tóxicos e terras contaminadas.

5.1 Tolerância às condições adversas

5.1.1 Tolerância à elevada acidez, alumínio e toxicidade de manganês

A pesquisa mostra que o crescimento de vetiver não foi afetado quando abastecidos adequadamente pelos fertilizantes de N e P, mesmo em condições extremamente ácidas (pH = 3,8) e num nível muito elevado da Percentagem de Saturação do Alumínio no solo (68%). Testes de Campo confirmam que Vetiver cresce satisfatoriamente em solos de pH = 3,0 e nível de alumínio entre 83-87%. Entretanto, uma vez que vetiver não pode sobreviver a um nível de saturação de alumínio de 90% a

Foto 7: Em condições de campo, as vetiver crescem em solo de pH = 3,8 e por saturação de Al à 68% e 87%.

Foto 8: O crescimento de Vetiver não foi afetado em pH = 3,3 e em um nível extremamente elevado de Mn de 578 mg / kg.

= 2,0 pH do solo, sua tolerância de limite é entre 68% e 90%. Essa tolerância é excepcional, pois a maioria das plantas são prejudicadas em níveis inferiores a 30.

Além disso, o crescimento da Vetiver não foi afetado quando o manganês extraído no solo atingiu 578 mg/kg, o pH do solo foi tão baixo quanto 3.3, e o teor de manganês da planta foi tão alto quanto 890 mg / kg. Dada a sua alta tolerância à toxicidade de Al e Mn, a vetiver tem sido usada com sucesso para o controle da erosão em solos ácidos de sulfato com o pH do solo atual em torno de 3.5 e pH oxidado tão baixo quanto 2.8 (Truong e Baker, 1998) – Fotos 7 e 8.

5.1.2 Elevada tolerância à salinidade e sodicidade do solo.

Dado ao seu nível limiar de salinidade de ECse = 8 dS/m, Vetiver é comparado favoravelmente com algumas das culturas (safras) mais tolerante ao sal e espécies de pastagens cultivadas na Austrália, incluindo a Grama de nome Bermuda (Cynodon dactylon), com uma salinidade limiar de 6.9 dS / m; Grama Rodes (Choloris gayana) (7.0 dS/m); Grama Trigo (Thynopyron elongatum) (7.5 dS / m) e cevada (Hordeum vulgare) (7.7 dS/m). Com um abastecimento adequado de N e P, as plantas vetiver cresceram satisfatoriamente nas caudas de Na da bentonita (tipo de argila absorvente) com uma permutável (troca) percentagem de sódio de 48% e uma mina de carvão sobrecarregada com um nível de sódio de troca de 33%. A sodicidade deste carregamento foi ainda agravada pelo alto nível de magnésio (2400 mg/kg) comparado (em relação) ao cálcio (1200 mg/Kg)) Truong, 2004).

Foto 9: Vetiver tolera a salinidade elevada do solo. Nota 3 (terceiro) pote da esquerda representa metade da salinidade da água do mar.

Tabela 2: Níveis limiares (nível máximo) de metais pesados: Vetiver e outras plantas

Metais Pesados	Niveis limiares no solo (mg/kg) (disponiveis)		Niveis limiares nas plantas (mg/kg)	
	Vetiver	Out ras plantas	Vetiver	Otra plantas
Arsênio	100-250	2	21-72	1-10
Cãdmio	20-60	1.5	45-48	5-20
Cobre	50-100	Nãodisponivel	13-15	15
Cromo	200-600	Nãodisponivel	5-18	0.02-0.20
Chumbo	>1500	Nãodisponivel	>78	Nãodisponivel
Mercunio	>6	Nãodisponivel	0.12	Nãodisponivel
Niquel	100	7-10	347	10-30
Selênio	>74	2-14	>11	Nãodisponivel
Zinco	>750	Nãodisponivel	880	Nãodisponivel

5.1.3 Distribuição de metais pesados em plantas de vetiver

A distribuição de metais pesados em Vetiver podem ser divididos em três grupos:

- Zn foi quase uniformemente distribuídos entre os brotos e as raízes (40%).
- Pequenas quantidades de As, Cd, Cr e Hg absorvidos foram deslocados para os brotos (1% -5%).
- Quantidades moderadas de Cu, Pb, Ni e Se foram deslocados para a parte superior da planta (16% -33%) (Truong, 2004).

5.1.4 Tolerância a metais pesados

Vetiver é altamente tolerante à: As, Cd, Cr, Cu, Hg, Ni, Pb, Se e Zn - Quadro 2 acima.

5.2 Reabilitação e fitoremediação de minas

Dadas as suas extraordinárias características morfológicas e fisiológicas, a vetiver tem sido usada com sucesso para a reabilitação de resíduos de rochas nas minas e fito-remediação de rejeitos de minas na: Austrália: carvão, ouro, bauxita e bentonite; Chile: cobre. China: chumbo zinco e bauxita (Wensheng Shu, 2003) África do Sul: ouro, diamante e platina; Tailândia: Chumbo; Venezuela: bauxita (Lisena et al. 2006 e Luque et al.2006); níquel Filipinas: níquel.

Foto 10: Esquerda, mina de bauxita em Los Pijiguaos, Venezuela protegido com Vetiver (nota a plantação sendo feita nos despenhadeiros das encostas, usando cordas).

Foto 11: Mina de níquel no sul das Filipinas protegido por Gramas de Vetiver e esteiras (Biosolutions Inc).

6 REFERÊNCIAS

Ash R. e Truong, P. (2003). O uso do capim de vetiver em terras úmidas (pantanais) para tratamento de esgotos na Austrália. Proc. Terceira Conf. Internacional de Vetiver na China, Outubro de 2003.

Chomchalow, N, (2006). Revisão e Atualização do Sistema Vetiver P & D na Tailândia. Proc. Conferência Regional de Vetiver, em Cantho, Vietnã.

Cull, R.H, Hunter, H, Hunter, M e Truong, PN. (2000). Tecnologia de Aplicação da Grama Vetiver para lugares fora de controle da poluição. II. Tolerância do capim de vetiver com respeito a altos níveis de herbicidas debaixo de condições úmidas. Proc. Segunda Conf. Internacional de Vetiver na Tailândia, Janeiro de 2000.

Hart, B, Cody, R e Truong, P. (2003). Eficácia do capim de vetiver no tratamento hidropônico de pós efluentes de fossas sépticas. Proc. Terceira Conf. Internacional de Vetiver na China, Outubro de 2003.

Liao Xindi, Shining Luo, Yinbao Zhisan Wu e Wang (2003). Estudos sobre as habilidades de Vetiveria zizaniodes e Cyperus alternifolius para o Tratamento de Águas Residuais das fazendas de criação de porcos. Proc. Terceira Conf. Internacional de Vetiver, na China, outubro de 2003.

Lisena, M. Tovar, C. e Ruiz, L. (2006). "Estudo exploratório da semeadura de Vetiver em uma área degradada pelo Lodo Vermelho". Proc. Quarta Conf. Internacional de Vetiver na Venezuela, Outubro de 2006.

Luque, R, Lisena, M e Luque, O. (2006). Sistema Vetiver para a proteção ambiental das minas de bauxita de corte aberto em Los Pijiguaos-Venezuela. Proc. Quarta Conf. Internacional de Vetiver na Venezuela, Outubro de 2006.

Luu Thai Danh, Le Van Phong. Le Viet Dung e Truong, P. (2006). Tratamento de águas residuais de uma fábrica de processamento de mariscos na região do delta de Mekong, no Vietnã. Proc. Quarta Conf. Internacional de Vetiver na Venezuela, Outubro de 2006.

Percy, I. e Truong, P. (2005). Escoamento de Lixiviados de Aterros com Grama Irrigada de Vetiver. Proc, Aterros 2005. Conferência Nacional de Aterro, em Brisbane, Austrália, setembro de 2005.

Smeal, C., Hackett, M. e Truong, P. (2003). Sistema Vetiver para

Tratamento de Efluentes Industriais em Queesland, Austrália; Proc. Terceira Conf. Internacional de Vetiver na China, Outubro de 2003.

Truong, P.N.V. (2004). Tecnologia da Grama Vetiver para a reabilitação de rejeitos de minas. Bioengenharia para controle da erosão no Solo e na água e estabilização de encostas. Editores: D. Baker, A. Watson, S. Sompatpanit, B. e A. Northcut Maglianao. Science Publishers Inc. NH, E.U.A.

Truong, P.N. e Baker, D. (1998). Sistema do capim vetiver para proteção ambiental. Technical Bulletin Nº. 1998 / 1. Rede Vetiver para as Orlas do Pacifico. Royal Projetos Admistrativos de Desenvolvimento, Bangkok, Tailândia.

Truong, P.N. e Hart, B (2001). Sistema Vetiver para tratamento de águas residuais. Boletim Técnico No. 2001 / 2. Rede Vetiver para as Orlas do Pacifico. Royal Projetos Admistrativos de Desenvolvimento, Bangkok, Tailândia.

Truong, PN, Martins, F., Waters, D. e Moody, P. (2000). Tecnologia de Aplicação da Grama de Vetiver para lugares fora de controle da poluição. I. Interceptação de agrotóxicos e nutrientes em terrenos agrícolas. Proc. Segunda Conf. Internacional de Vetiver na Tailândia, Janeiro de 2000.

Truong, P. e Smeal (2003). Pesquisa, Desenvolvimento e Implementação do Sistema Vetiver para Tratamento de Águas Residuais: GELITA Austrália. Boletim Técnico n º 2003 / 3. Rede Vetiver para Orlas do Pacifico. Royal Projetos Admistrativos de Desenvolvimento, Bangkok, Tailândia.

Truong, P., Truong, S. e Smeal, C. (2003a). A aplicação do sistema vetiver via modelização de informática, para escoamento de águas residuais industriais. Proc. Terceira Conf. Internacional de Vetiver na China, a Outubro de 2003.

Vieritz, A., Truong, P., Gardner, T. e Smeal, C. (2003). Modelagem de crescimento de vetiver Monto e absorção de nutrientes para os regimes de irrigação de efluentes. Proc. Terceira Conf. Internacional de Vetiver na China, Outubro de 2003.

Wagner, S., Truong, P, Vieritz, A. e Smeal, C. (2003). Resposta do capim de vetiver, ao extremo de nitrogênio e de fósforo. Proc. Terceira Conf. Internacional de Vetiver na China, Outubro de 2003.

Wensheng Shu (2003) Explorando o potencial da utilização do capim de vetiver para o tratamento de drenagem ácido das minas (AMD). Proc. Terceira Conf. Internacional de Vetiver na China, Outubro de 2003.

PARTE 5
CONTROLE DE EROSÃO NAS FAZENDAS E OUTROS USOS DE VETIVER

CONTEÚDO

1 INTRODUÇÃO

Anos de experiência em muitos países confirmaram que, mesmo que os agricultores tendo adotado vetiver para conservar o solo, que a aplicação não era necessariamente o principal motivo que inicialmente foi adotada. Na Venezuela, por exemplo, o capim vetiver foi primeiramente estabelecido para o fornecimento de materiais de artesanato. Depois que as pessoas abraçaram o artesanato de folhas secas, porque elas eram lindas e fácil de tecer, a aplicação de vetiver na conservação do solo era mais fácil de ser introduzida. As barreiras Vetiver foram primeiramente apreciadas em Camarões como barreiras para manter cobras ou serpentes fora dos terreiros, e, em outros lugares, a vetiver foi empregada para delinear as linhas de contorno (limites marcados por árvores foram suscetíveis ao desafio). Ainda em outros lugares a primeira razão que vetiver foi aceita foi porque controlava as pragas nos grãos armazenados e brocas de tronco em milho (África do Sul). Esta parte aborda várias aplicações de vetiver que são mais comumente praticada pelos agricultores.

2 CONSERVAÇÃO DO SOLO E DA ÁGUA PARA SUSTENTAR UMA PRODUÇÃO DE CULTURAS (SAFRAS)

2.1 Princípios de conservação do solo e da água

O objetivo da prática de conservação do solo é o de controlar ou reduzir a erosão do solo causada pela água e pelo vento. No caso da erosão hídrica, as partículas do solo são primeiro desalojadas pelo volume excessivo e/ou alta velocidade de um escoamento superficial da água. Erosão por Vento resulta erosão da alta velocidade do vento ao nível do solo na superfície nua.

Portanto os principais objetivos na prática de controle a erosão hídrica são para proteger a superfície do solo de ser desalojado pelo impacto das gotas de chuva, para reduzir o volume de água do escoamento através da cobertura vegetal, e para controlar ou diminuir a velocidade de escoamento superficial. Contornos/bancos ou margens de desvios (terraços) projetados, desviam a enxurrada para uma saída segura, ou interior, ou para uma rede de drenagem. Barreiras vegetativas, tais como vetiver plantadas por toda a encosta ou no controle de contorno dos escoamentos, espalham-se e diminuem a erosão da água lentamente através dos filtros das barreiras vetiver. Uma vez que ambos poderes erosivos da água e do vento são proporcionais à velocidade de fluxo (força da água para baixo e da força do vento), o principal princípio de conservação do solo é o de reduzir a velocidade da água e do ar. Corretamente instalados, a vetiver efetivamente controla tanto a erosão hídrica como a erosão eólica (erosão da água e do vento).

O objetivo da prática de conservação da água é aumentar a infiltração da água no corpo do solo. Este objetivo pode ser alcançado mais facilmente usando coberturas vegetativas, particularmente barreiras vegetativas (cerca viva de plantas). Quando plantadas em encostas ou em linhas de contorno ou de nível, densas coberturas (barreiras) de vetiver lentamente

Foto 1: Forte correntes nesta via na Austrália achatou as gramíneas nativas, deixando as barreiras de Vetiver intactas, seus rígidos caules reduziram a velocidade da água e seu poder erosivo.

formam uma barreira permeável que espalha a água de escoamento e reduz a sua velocidade. Isso permite mais tempo para o solo de absorver a água e da cobertura (barreira) vegetativa de segurar os resíduos (sedimentos).

2.2 Cazacterísticas de vetiver adequadas para as práticas de conservação do solo e da água.

Características únicas de vetiver que são particularmente importantes para a conservação do solo e da água são:

- O sistema de ligação solo-raiz: profundo, penetrante, maciço, raízes fibrosas.
- Caules ereto e duros, formam uma cobertura (barreira) densa, efetivamente retardando e espalhando o fluxo da água, reduzindo o seu poder erosivo.
- Tolerantes a todos os tipos de condições adversas no solo e a solos pobres, incluindo ácidos de sulfato, alcalinos, salinos e sódicos ambientais.
- Capacidade de resistir a submersão prolongada;
- Adaptabilidade a uma vasta gama de condições climáticas; crescimento tanto nas áreas montanhosas mais frias do norte e em condições de extrema seca em áreas centrais das dunas costeiras.
- Fácil multiplicação vegetativa.

- Esterilidade: possui flores, mas não produz sementes. Uma vez que zizanioides vetiver (C) não possuem estolões ou rizomas espalhando-se, a planta permanecerá onde está plantada e não vai se tornar uma erva daninha. Ao contrário nemoralis C., que é originária do Vietnã e produz sementes férteis, zizanioides C é estéril e tem um sistema radicular (de raízes) maciço. Parte 1 deste manual descreve completamente as diferenças significativas entre as duas espécies.
- Seu sistema de raízes: vertical, com muito pouco crescimento lateral das raízes. Isso garante que a planta, quando consorciadas, geralmente não competem com cultivos (safras) de rendimentos por nutrientes e água.

Parte 1 do presente manual aborda as características do Vetiver com mais detalhes. Esta parte enfoca a importância da agricultura desempenhada pelas duas primeiras características: O sistema Vetiver de ligação solo-raiz e sua capacidade de formar densas fileiras vegetativas. O Vetiver, pelo seu forte sistema de raízes é incomparável com qualquer outra planta utilizada para o controle de erosão agrícola. Em terras planas e em pisos de escoadouros, onde a fúria da velocidade da água da enchente pode ser devastadora, o profundo sistema vetiver de raízes fortes impede a planta (barreiras) de sair do lugar. Este capim pode suportar correntes extremamente fortes. Além de reduzir a erosão da superfície sobre terrenos em declive, o enorme sistema de raiz de vetiver também contribui para a estabilidade dos taludes. Conforme descrito na Parte 1, a profundidade, e as raízes fibrosas reduzem o risco de deslizamentos ou colapso da terra.

Os espessos (firmes) caules Vetiver formam densas coberturas (barreiras) que reduzem a velocidade da água, permitem mais tempo para que a água se infiltre no solo e, quando necessário, desvia a água de escoamento excedente. Este é o princípio de "escoamento" de controle de erosão para a agricultura nas planícies de inundações, bem como em despenhadeiros nas encostas em áreas de alta pluviosidade.

2.3 Margens (bancos) de contorno ou sistemas de terraços versus o uso de um fluxo de sistema Vetiver.

Uma análise realizada para o Banco Mundial comparou a eficácia e os aspectos práticos de diferentes solos e sistemas de conservação da água. Constatou-se que as medidas devem ser construídas em lugares específicos e requerem detalhada e exata engenharia e projeto. Além disso, todos os sistemas rígidos exigem manutenção regular. A maioria das evidências sugerem também que as obras construídas reduziram as perdas do solo, mas não reduzem a enxurrada de forma significativa. Em alguns casos, elas têm um impacto negativo sobre a umidade do solo (Grimshaw 1988). Por outro lado, quando plantadas através de encostas ou em contornos, ou níveis, o sistema vegetativo de conservação forma uma barreira protetora por toda a encosta que retarda o escoamento da água e as reservas dos depósitos de sedimentos. Uma vez que as barreiras só filtram o escoamento superficial (da enxurrada) e, muitas vezes não a desvia, escoando a água através das barreiras, atinge a parte inferior da encosta em baixa velocidade, sem causar erosão e sem estar concentrados em qualquer área específica. Este é o fluxo através de um Sistema Vetiver (Campoverde1989), um forte contraste com o sistema fluvial de contornos para terraços em que recolhe o escoamento da água pelos terraços e é desviado rapidamente do campo para reduzir o seu potencial erosivo. Uma vez que todo o escoamento da água é coletado e concentrado no interior, onde a maioria das erosões ocorrem em terras agrícolas, particularmente em terras inclinadas, essa água está perdida para sempre do campo. O fluxo através de um sistema, por outro lado, conserva a água e protege o solo de perdas nas vias - Figura 1.

Esta prática de conservação de água é muito importante em regiões de baixa precipitação, como o Planalto Central e o Litoral Central do Vietnã.

Idealmente, as espécies a serem utilizadas como barreiras eficazes contra a erosão e efetivo controle de resíduos (sedimentos), devem ter as seguintes características (Smith e Srivastava 1989):

- Formam uma ereta, dura e densa cobertura (barreira) uniforme, que oferece alta resistência ao fluxo superficial da água, e têm raízes extensas profundas que ligam o solo e evitam cortes em canais de pouca profundidade no solo por água corrente e correntezas perto das barreiras.
- Sobrevive a umidade e estresse de nutrientes e restabelece o crescimento superior rapidamente depois da chuva.
- Resulta em perdas mínimas de produtividade da cultura (safras) (uma barreira não deve proliferar como uma erva daninha, para não competir com a umidade, nutrientes e a luz, e não acolher as pragas e as doenças).
- Exigem apenas uma largura estreita para serem eficazes.
- Fornecimento de materiais que tenham valor econômico aos agricultures.

Vetiver apresenta todas essas características. Excepcionalmente, podem prosperar em condições áridas e úmidas, crescem a até certo grau a condições extremas no solo, e sobrevivem a grandes variações de temperatura (Grimshaw, 1988).

2.4 Aplicações em planícies de inundações

O SV é um instrumento importante para controlar a erosão das inundações em todas as planícies de alimentos dos principais rios do Vietnã. Seu uso não está restrito ao Delta do Rio Vermelho no norte e no delta do Mekong, no sul. Suas aplicações são especialmente importantes para as províncias costeiras centrais, onde as inundações relâmpagos regularmente ocorrem com efeitos devastadores, como no caso da planície de inundação do Rio Lam na província de Nghe An.

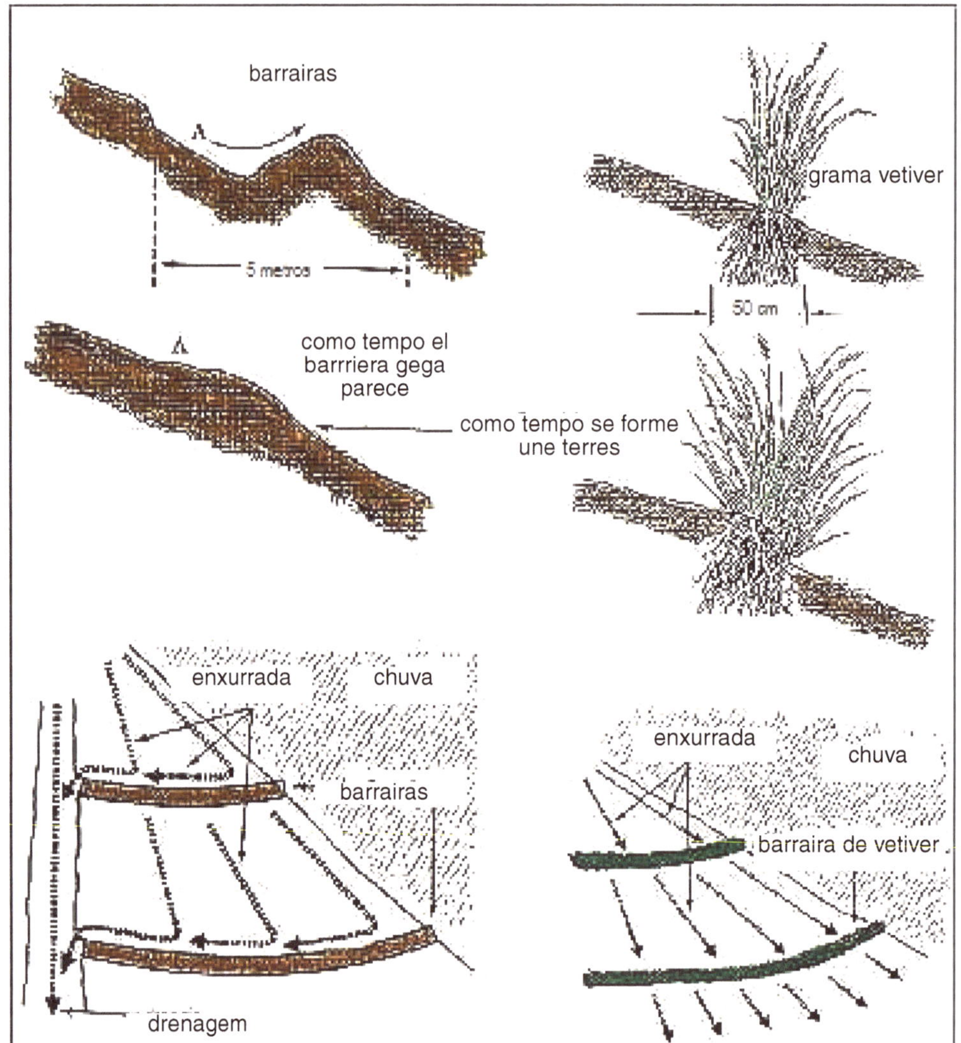

Figura 1: Acima, à esquerda: banco de contorno, abaixo à esquerda: Bancos desviam a água; acima, à direita: Barreiras de Vetiver criam bancos e terraços (esplanadas) ao longo do tempo; abaixo à direita: Barreiras de Vetiver retardam a enxurrada (escoamento) superficial para aumentar a infiltração, e a água permanece no campo (Campoverde 1989).

Coberturas (barreiras) de Vetiver nas planícies de inundações:

- Reduzir a velocidade de fluxo, que podem apresentar as culturas (safras), e o poder erosivo das enxurradas (escoamentos).
- Manter o solo fértil de aluvião (rico) no local, que mantém a fertilidade das planícies.
- Aumentar a infiltração da água nas regiões de baixa pluviosidade, como na província de Ninh Thuan.

Cultivo em faixas que envolvem larguras de faixas de proteção podem exigir um tanto quanto 30% das terras entre culturas (colheitas) usa um sistema de fluxo "através" semelhante ao oferecido por vetiver, não impede o acamamento (alojamento) das culturas (safras), como também não reduz a velocidade da enxurrada. Ao contrário de vetiver, este método requer uma seqüência exata de rotação de colheitas, tem sido utilizado de forma eficaz nas planícies de inundações da região de Darling Downs na Austrália, para suavizar os prejuízos causados pelas águas nas culturas e para controlar a erosão do solo em baixos declives de terras (baixas inclinações de terras) sujeitas a profunda inundações terrestres.

Em um experimento em um grande campo em Jondaryan (Darling Downs, Queensland, Austrália), seis linhas de vetiver, totalizando mais de 3000m (900 metros lineares) foram plantadas no contorno de 90 m de distância (espaçamento). Essas linhas forneceram uma proteção permanente contra as enchentes. Dados coletados a partir de um pequeno fluxo ao longo do local mostra que as barreiras reduzem significativamente a profundidade e a energia resultante da água fluindo através das barreiras. Em uma baixa depressão, uma simples cobertura de vetiver prendeu 7,25 toneladas de sedimentos.

Resultados ao longo dos últimos anos, incluindo vários eventos de grandes inundações, confirmam que o SV reduz com sucesso a velocidade de inundação e limita a movimentação de solo, com muito pouca erosão em faixas sem cultivo de terra (Truong et al. 1996, Dalton et al. 1996a e Dalton et al. 1996b). Este estudo demonstra que o SV é uma alternativa viável para remover as práticas de cultivo da Austrália em planícies de inundações.

2.5 Aplicação a terrenos em declive

Na Índia, no cultivo da terra com 1,7% de declividade, as barreiras de contorno de vetiver reduziram o escoamento (enxurrada) (em percentagem da precipitação) de 23,3% para 15,5% e a perda de solo de 14,4 t/ha para 3,9 t/ha, e o rendimento de sorgo aumentou de 2,52 t/ha para 2,88 t/ha ao longo de um período de quatro anos. O aumento da produção foi atribuída principalmente no solo e conservação em situações da umidade ao longo da toposseqüência toda protegida pelo sistema de barreiras Vetiver. (Truong, 1993). Sob condições de pequenas parcelas no Instituto Internacional

Foto 3: Barreiras de Vetiver plantadas em despenhadeiros de alta inclinação acerca de 1.700 m de altitude(a.s.l). Na área de Munnar do Ghats Ocidente da Índia, no estado de Kerala. Esta grande área de crescimento de chá sofre grave erosão. Todos os estados na área estão agora a adotar o Sistema Vetiver.

de Pesquisas para Colheitas (Safras) para Regiões Trópicas Semi-áridas (ICRISAT), as barreiras de Vetiver foram mais eficazes no controle do escoamento superficial e perda de solo do que em capim-limão ou diques de pedra. A enxurrada das parcelas em Vetiver foi de apenas 44% do que as das parcelas de controle a partir de 2,8% de declividade e 16% a partir de 0,6% de declividade. Reduções médias de 6,9% em escoamentos e 76% na perda de solo foram registradas a partir de parcelas de Vetiver, comparadas com as parcelas de controle (Rao et al. 1992).

Na Nigéria, as faixas de Vetiver foram estabelecidas com 6% de declive no final de 20m, com parcelas de escoamento de três estações de crescimento para avaliar seus efeitos sobre o solo e a perda de água, retenção da umidade do solo e produtividade das safras. Os resultados mostraram que as barreiras Vetiver estabilizaram o solo e as condições químicas dentro de todos os 20m de distância por trás das faixas. Com a gestão de vetiver, os rendimentos de feijão de corda foram aumentados entre 11 e 26%, e o milho aumentou acerca de 50%. Em comparação com 20m parcelas de escoamento sem as barreiras de vetiver, a perda de solo e da água da enxurrada foram de 70% e 130% superiores, respectivamente. As faixas Vetiver aumentaram o armazenamento da umidade do solo entre 1,9% e 50,1%, dependendo da profundidade. O teor nutritivo em solos erodidos nas parcelas de controle era consistentemente mais pobre do que nas parcelas de vetiver, que também reforçou a eficiência da utilização de nitrogênio em cerca de 40%. Esta pesquisa demonstra a utilidade da vetiver como uma medida de conservação do solo e da água no meio ambiente da Nigéria (Babola et al. 2003).

Resultados semelhantes foram relatados em uma série de pistas, tipos de solo e culturas na Venezuela e na Indonésia. Em Natal, África do Sul, as barreiras de vetiver têm cada vez mais substituído bancos de contorno e nas vias-da-água em terrenos de cana-de-açúcar localizados em despenhadeiros, onde os agricultores concluíram que o sistema de vetiver é o mais eficaz e uma forma custo bem baixa de conservação do solo e da água a longo prazo (Grimshaw, 1993). Uma análise de custos e benefícios realizada na bacia de Maheswaran na Índia, considerou tanto as estruturas construídas e as barreiras vegetativas de vetiver. O sistema vetiver foi julgado mais rentável, mesmo durante a sua fase inicial, devido à sua eficiência e baixo custo (Rezende, 1993).

Na Austrália, P & D ao longo dos últimos 20 anos, confirmou as descobertas no exterior, particularmente a eficácia da vetiver na conservação do solo e da água, estabilização de fossas, reabilitação de terras degradadas, e captura de sedimentos nos cursos d'água e depressões. Além dessas aplicações, a vetiver provou sua versatilidade em:

- Controle da erosão em inundações nas planícies de inundação de Darling Downs.
- Controle da erosão em solos de sulfato ácido.

- Substituição dos bancos (margens) de contorno em terras de cana-de-açúcar localizadas em despenhadeiros no norte de Queensland.

Foto 2: Esquerda: sedimentos férteis permanecem no momento que a enchente passa pela barreira de vetiver; direita: uma cultura saudável de sorgo, protegidos por uma barreira vetiver, sobrevive a uma enchente em uma planície de inundação em Darling Downs, na Austrália.

No Vietnã, a maioria das experiências em fazendas com o Sistema Vetiver foram adquiridas a partir de "o projeto da mandioca" (um projeto da Fundação Japonesa: "Reforçar a sustentabilidade da Mandioca-baseado em Sistemas de Safras na Ásia, na China, Tailândia e Vietnã, 1994 - 2003), implementado em colaboração com a Universidade Tailandesa de Nguyen de Agricultura e Pecuária (TUAF), Instituto Nacional para a Fertilidade do Solo (NISF) e o Instituto Vietnamita de Ciências Agrícola (VASI, agora VAAS). Este projeto foi realizado com agricultores em zonas montanhosas do norte de Yen Bai, Phu Tho, Tuyen Quang, e Thai Nguyen, nas partes montanhosas, e no sudoeste da província de Thua Thien Hue.

Nota: A mandioca (Manihot esculenta) é uma das mais importantes culturas alimentares em regiões tropicais e úmidas, mas como uma cultura de tubérculos tipicamente plantadas em monoculturas é um dos cultivos mais erosivos do mundo em desenvolvimento. Daí a importância de promover sistemas de produção mais sustentáveis para a mandioca. Neste projeto os agricultores testaram medidas de várias combinações, incluindo: (1) outras culturas (por exemplo: agricultura de contorno com amendoim), (2) introdução de um material de plantio melhorado (baixa ramificação de variedades para reduzir o impacto da chuva), combinada com o aumento (orgânicos e adubação química) e, por último, mas não menos importante (3) barreiras vegetativas anti-erosão, e a aplicação do SV provou ser uma das medidas mais eficazes para reduzir a perda de solo (veja mandioca CIAT).

2.6 Efeitos sobre perdas de solo

Embora a redução da perda de solo ter seu próprio mérito, manter o solo fértil para exploração agrícola, ai os agricultores em última análise julgam sua importância. Quando os solos são profundos em suas fazendas, os agricultores talvez não dêem valor a conservação do solo, porque isso exige trabalho e isso ocuparia terras valiosas. No entanto, onde a agricultura de declive é mais intensa, e os agricultores aplicam esterco e/ou adubo químico, o efeito positivo da vetiver não é de apenas reduzir a perda de solo, mas também como um aplicativo para a manutenção da fertilidade do solo e impedir a enxurrada superficial (Truong e Loch, 2004). Em áreas mais úmidas, a Vetiver, devido ao seu profundo e extenso sistema radicular

Foto 4: Diferença de perda de solo entre vetiver (esquerda) e Flemingia congesta (direita), uma leguminosa.

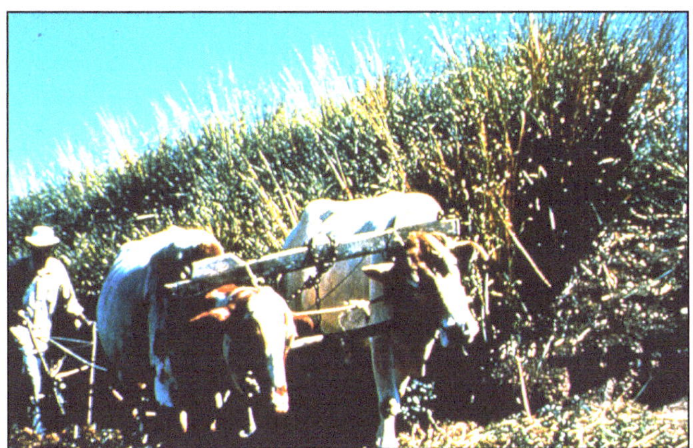

Foto 5: Esta barreira vetiver em um declive de 20% nas Ilhas Fiji prendeu suficiente solo para criar um terraço natural com uma subida de 2m de altura ao longo de um período de 30 anos. Ao mesmo tempo que reduziu a queda da chuva e a perda de nutrientes, resultando em um aumento na produção de cana-de-açúcar.

Foto 6: Vetiver controlando a erosão em uma plantação de café nas montanhas centrais do Vietnã.

tem uma adicional vantagem: ele absorve nutrientes solúveis que de outra forma seriam perdidos as mais profundas e inalcançáveis camadas do solo. Estes nutrientes retornam para o solo quando o capim vetiver é cortado e utilizado como composto de folhas mortas, portanto, estes nutrientes podem ser reciclados.

Nas regiões montanhosas do norte do Vietnã, Tephrosia e abacaxi selvagem tradicionalmente têm sido usados como barreiras (por vezes em combinações com terraceamento) para reduzir a perda de solo. No entanto, a eficácia do abacaxi selvagem é bastante baixa. Seus grossos caules criam montes que podem até aumentar a erosão, concentrando e forçando a água através de espaços apertados entre os montes. Tephrosia é eficaz apenas enquanto a planta permanecer estabelecida, mas ela morre após dois a três anos. Em declives moderados, barreiras de vetiver são uma alternativa bem-vinda para terraços tradicionais, que muitas vezes é uma mão-de-obra intensiva.

Dr. Hong Pham Duc Phuoc, da Universidade de Nong Lam, liderou pesquisadores (investigadores) em testes de propriedades

Tabela 1: Os efeitos de SV na perda de solo e drenagem em terras agrícolas

Paises	**perda de sola (t/ha)**			**escoa mento** (% da precipitação pluvial)		
	Control e	Conven cional	SV	Controle	Conven cional	SV
Tailândia	3.9	7.3	2.5	1.2	1.4	0.8
Venezuela	95	88.7	20.2	64.1	50	21.9
Venezuela (15% de declividade)	16.8	12	1.1	88	76	72
Venezuela (26% de declividade)	35.5	16.1	4.9	-	-	
Vietnã	27.1	5.7	0.8	-	-	
Bangladesh	-	42	6-11	-	-	
Índia	-	25	2	-	-	

Foto 7: Barreiras de vetiver protegendo hortas escolares orgânicas em terras com 50% de declive no Projeto Pobreza no Leste de Bali, na Indonésia.

Foto 8: Tornar visível a perda de solo (projeto da mandioca CIAT). Notar a diferença de escoamento da chuva. Menos da metade da água mais longe da boca com a proteção de vetiver.

da vetiver para a conservação do solo em plantações de café nas terras em declive na província de Dong Ngai (sudoeste do Vietnã).

Na Indonésia, a introdução do SV em terras agrícolas tem sido muito eficaz através de um programa de educação escolar de hortas orgânicas. No Projeto SV Pobreza em Bali é plantado por crianças nos jardins em idade escolar, bem como ao longo das estradas locais. As crianças, em seguida, depois de retornarem da escola, usam as suas habilidades aprendidas, em suas casas.

2.7 Projeto e extensão: considerações dos agricultores

Usando vetiver para controlar a erosão do solo em terras agrícolas deixou uma coisa bem clara: os agricultores consideram vários fatores antes de decidir a usar vetiver (Consultoria Internacional Agroalimentar, March 2004). Os Agricultores pesquisadores (abastados agricultores que foram subsidiados para realizar o experimento) lançaram alguma luz sobre o raciocínio dos agricultores. Entre as suas preocupações, a adoção de uma melhoria a variedades das plantas (melhor aperfeiçoamento no cultivo das plantas) e fertilizantes químicos foi mais elevada. Suas prioridades e disponibilidades para adotarem vetiver como o principal método de conservação de solos eram diferentes dos outros, os agricultores não-subsidiados (agricultores sem financiamento).

Uma vez que os agricultores compreendem os princípios da vetiver, e tem a oportunidade de avaliar o impacto a curto prazo e a longo prazo da aplicação do SV, eles são muito mais propensos a adotar este sistema. Por isso, é importante colocar os agricultores no centro da abordagem, e antecipamos que cada um irá ajustar as diretrizes (por exemplo, o espaçamento recomendado) para ajustar suas próprias circunstâncias. Sabendo disso, o trabalhador do campo será mais capaz de aconselhar os agricultores a garantir o sucesso do sistema. O uso de insumos subsidiados ou outros incentivos materiais para os agricultores para colaborar no julgamento e adoção do SV fica desencorajada, uma vez que irá prejudicar a repetibilidade dos resultados.

A seguir uma lista para a viabilidade na adoção em larga escala do Sistema de Vetiver para conservação do solo e da água:

A. Qual é a importância do perfil do solo?

- Qual a é visibilidade da perda de solo para os agricultores no local ou rio abaixo (jusante).
- Qual é a extensão ou o valor da perda de solo? Se o fertilizante foi aplicado em seguida os agricultores estão mais dispostos a fazer um esforço para proteger os seus investimentos, e resistir às perdas através do escoamento superficial ou filtramento (lixiviação) para as camadas mais profundas (por exemplo, o profundo enraizamento de vetiver pode recuperar nitrogênio solúvel que rapidamente filtra para as camadas inferiores inacessíveis.
- Dado a declividade e textura do solo, como é propensa a erosão do mesmo?
- Como comparar o SV com outros métodos de controle de erosão já existentes (por exemplo: amontoamentos em contornos, linhas de contorno de pedras, palhas de plástico, e as variedades de plantas que são de baixas ramificações têm uma cobertura de fechamento rápido?

B. O quão importante é o sistema de cultivo, em comparação com outras partes das terras agrícolas?

Os agricultores estão mais interessados em investir em práticas conservacionistas, que produzem safras rentáveis:

- Qual é o valor relativo do terreno (disposição para investir em mão-de-obra e dinheiro)?
- Qual é a posição geral do agricultor? Quanto trabalho / dinheiro pode ele/ela investir nesta ação? O que competir com ela /ele seu tempo e dinheiro (por exemplo: terra para o plantio de arroz ou obra agrícola fora do plantio?
- Está o agricultor suficientemente seguro da posse da terra para justificar os esforços para melhorá-la?
- Será que a distância das casas para os campos justifica o investimento na mão-de-obra?
- Pode o agricultor usar a vetiver em aplicações complementares?
- Há espaço suficiente para propagar (reproduzir) os viveiros de vetiver, ou obtê-***lo?***
- Quais as políticas que militam contra as medidas de aplicação de conservação do solo e da água?
- Quais as limitações ecológicas que afetam o uso do vetiver? (Vetiver por exemplo: Vetiver não tolera sombras, uma vez estabelecido, no entanto, a sombra é um problema menor).

Os agricultores são convidados a testar, comparar e combinar o sistema de Vetiver com outras práticas de conservação do solo e da água.

3 OUTRAS PRINCIPAIS APLICAÇÕES EM TERRENOS AGRÍCOLAS

3.1 Proteção das culturas (colheitas): broca do tronco de controle em arroz e milho.

Brocas de caule ataca milho, sorgo, arroz e milhetos (milho–miúdo) na África e Ásia. As mariposas põem seus ovos nas folhas das colheitas. Professor Johnnie van den Berg, entomologista, (Escola de Ciências Ambientais e Desenvolvimento,

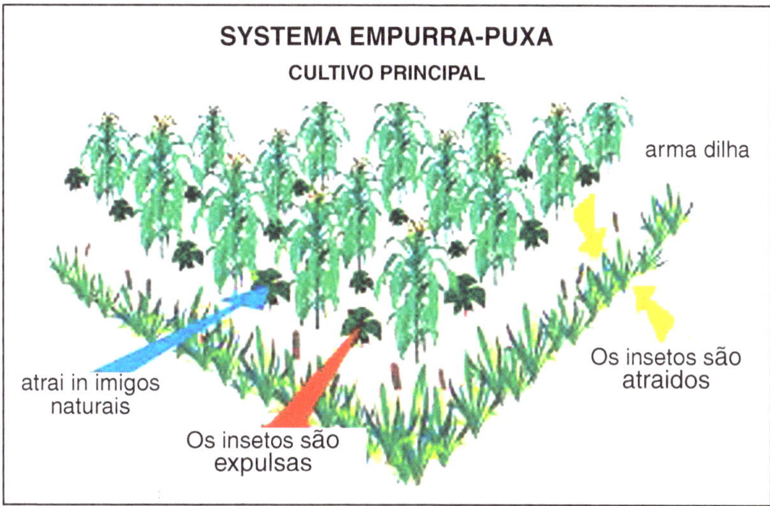

Figura 2: O sistema Push-Pull: Barreiras de Vetiver atrai os insetos que põem ovos onde eles têm pouca chance de sobrevivência.

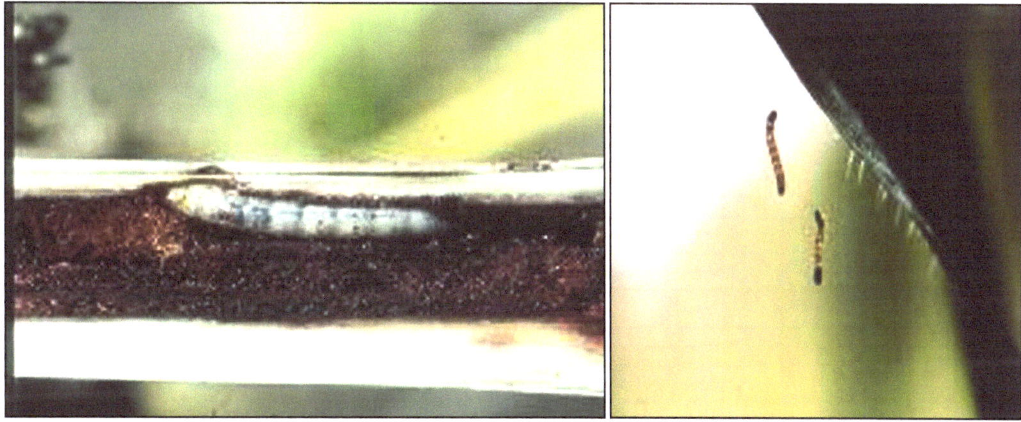

Foto 9: Esquerda, broca-do-caule (Chilo partellus) em milho; direita (à esquerda) folhas peludas de Vetiver's torna esta acolhida inospitaleira; as larvas da broca-do-caule caem para fora e morrem no chão.

Foto 10: Controle ao milho através da broca do caule de Vetiver (Zululand, África do Sul).

Universidade de Potchefstroom, África do Sul). Ele constatou que as mariposas preferem por ovos nas folhas de vetiver, plantadas ao redor da safra, ao invés das culturas de milho ou arroz em si, dada a opção, cerca de 90% dos ovos são depositados sobre a Vetiver em vez de ser depositados sobre a safra. Isso é conhecido como o sistema de "empurrar e puxar" - Figura 2.

Por as folhas de vetiver serem tão peludas, as larvas que eclodem em cima delas não podem se mover facilmente. As larvas caem da planta e morrem no chão, resultando em uma mortalidade muito elevada, cerca de 90%. A Vetiver também abriga muitos insetos úteis que são predadores de pragas que atacam as culturas. Em colaboração com o Dr.Van den Berg, a University de Can Tho está atualmente estudando a aplicação prática deste efeito sobre o arroz. Os resultados preliminares são muito promissores. Van den Berg também relata que a broca da cana-de-açúcar Eldana saccharina prefere colocar seus ovos na Vetiver. Na Índia Chilo partellus também é encontrada na cana. As linhas da Grama de Vetiver proporcionam um hospedeiro muito bom para insetos benéficos tal como Chrysopidae sp. e outros insetos benéficos. O Capim da Vetiver sozinho não é suficiente para controlar pragas e deve ser parte de um pacote global IPM que gere a saúde das colheitas.

3.2 Ração para animais

As folhas de Vetiver são saborosas forragens muito apreciadas pelo gado, cabras e ovelhas. A Tabela 2 compara os valores nutricionais de vetiver aos de outras gramíneas subtropicais na Austrália. O capim jovem de vetiver é muito nutritivo, atualmente comparáveis aos capins Rhodes e Kikuyu. No entanto, o valor nutritivo do capim vetiver maduro é baixo, e isto

Tabela 2: Valores nutricionais da Vetiver, Capins (gramas) Rhodes e Kikuyu, Austrália.

Parâmetros	Unidades	Capim Vetiver			Rhodes	Kikuyu
		Jovem	Maduro	Velho	Maduro	Maduro
Energia (ruminantes)	kCal/kg	522	706	969	563	391
Digestibilidade	%	51	50	-	44	47
Proteina	%	13.1	7.93	6.66	9.89	17.9
Gordura	%	3.05	1.30	1.40	1.11	2.56
Cálcio	%	0.33	0,24	0.31	0.35	0.33
Magnésio	%	0.19	0.13	0.16	0.13	0.19
Sódio	%	0.12	0.16	0.14	0.16	0.11
Potássio	%	1.51	1.36	1.48	1.61	2.84
Fósforo	%	0.12	0.06	0.10	0.11	0.43
Ferro	mg/kg	186	99	81.40	110	109
Cobre	mg/kg	16.5	4.0	10.9	7.23	4.51
Manganês	mg/kg	637	532	348	326	52.4
Zinco	mg/kg	26.5	17.5	27.8	40.3	34.1

carece de proteína bruta.

Um estudo realizado no Vietnã (Nguyen Van Hon, 2004) mostra que o capim de vetiver jovem podem substituir parcialmente o capim Brachiaria mutica maduro como alimento para caprinos em crescimento.

As folhas de Vetiver são geralmente subprodutos úteis (proveitosas e lucrativas) para medidas de conservação do solo e da água. As folhas de Vetiver são nutritivas, quando podadas em intervalos entre um e três meses, dependendo das condições climáticas. O seu teor de nutrientes, como muitas outras gramíneas tropicais, varia de acordo com a estação do ano, fase de crescimento e fertilidade do solo. Na Índia, quando vetiver é picado por um cortador de forragem manual os búfalos domésticos acham a grama totalmente palatável. Quando a vetiver for usada para outros fins, as forragens podem revelar-se um valor extra. Depois de um inverno extremamente rigoroso na província de Quang Binh, a vetiver era apenas a forragem verde disponível, o frio matou a outras gramíneas. Além disso, capim vetiver crescendo sobre os resíduos de suinocultura contém alto teor de proteína bruta, "caroteno e luteína", relativamente menores teores de Ca, Fe, Cu, Mn e Zn, e os níveis aceitáveis de metais pesados, Pb, As e Cd (Pingxiang Liu 2003).

A Vetiver pode crescer sob níveis muito elevados de nitrogênio (kg tanto quanto 10.000 de N / ha). Portanto, quando vetiver é uma parte integrante de um alagado construído para tratamento de resíduos (animais e humanos) ele vai render mais de 100 toneladas de matéria seca por hectare e é rico em nutrientes.

A Vetiver também irá crescer bem em solos salinizados, se a área tem um alto lençol freático do solo, como é o caso de partes em Haryana Índia e os Estados de Punjab, nestes lugares existe um potencial de produção de matéria seca de 70 toneladas por hectare de forragem.

O potencial de forragem de Vetiver beneficiaria as pesquisas, tanto na gestão da grama como uma forragem e na identificação de cultivares que são mais adequados como uma forragem.

Foto 11: Esquerda: búfalos pastam nas ribeirinhas de um dique (açude) de vetiver;direita: o gado comendo capim de vetiver jovem.

3.3 Mulch (composto ou adubo de folhas) para controlar ervas daninhas e de conservação de água no solo

Possuindo um teor superior de sílica do que em outras gramíneas tropicais, como Imperata cylindrica, faz com que vetiver seja ideal para ser utilizado como cobertura morta e telhados de sapé (visto que palha não acolhe insetos).

Foto 12: Barreiras de Vetiver controlam a erosão e seu composto de folhas sufocam as ervas daninhas na lavoura de café no Planalto Central do Vietnã.

Foto 13: Composto (mulch) de Vetiver controlando ervas daninhas em uma plantação de chá, no sul da Índia (P Haridas).

Controle de ervas daninhas: quando espalhadas uniformemente sobre o solo, verde ou desidratada, as folhas de vetiver formam uma cobertura espessa que sufoca as ervas daninhas. Mulch (composto ou adubo de folhas) de Vetiver controla as ervas daninhas em plantações de café e de cacau no Planalto Central e plantações de chá da Índia. ao mesmo tempo, quando a cobertura morta de folhas se decompõe rapidamente se acumula matéria orgânica do solo e melhora a absorção de nutrientes do solo do fundo absorvido de nutrientes que normalmente não estão disponíveis em outras plantas.

Conservação da água: A capa espessa do composto de folhas (mulch) de vetiver aumenta a infiltração de água e diminui a evaporação, particularmente importante debaixo de condições quente e seca nas províncias costeiras como Ninh Thuan. Nestas condições também protege a superfície do solo contra o impacto das gotas de chuva, uma das principais causas de erosão do solo.

4 REABILITAÇÃO DE TERRAS AGRÍCOLAS E PROTEÇÃO DE INUNDAÇÕES NAS COMUNIDADES DE REFÚGIO

4.1 Estabilização de dunas de areia

Dunas de areia ocupam mais de 70.000 hectares (172.974 acres) ao longo do costa Central do Vietnã. Estas dunas são altamente móveis, devido ao vento forte e altamente erodíveis durante chuvas fortes. Sem estabilização, a areia invade terras valiosas, destruindo colheitas, entupindo rios e riachos. Os agricultores locais sofrem enormes perdas devido a tais conseqüências. Os métodos tradicionais de parar ou minimizar o movimento das dunas, que incluem o plantio de árvores Casuarina e abacaxi selvagens, e na construção de pequenos diques de areia, são ineficazes. A plantação de barreiras (sebes) de Vetiver oferecem as melhores soluções até o presente momento.

O estudo do caso a seguir ilustra o problema: Em Quang Binh o talude do pé de uma duna de areia foi corroído por meandros de um córrego que servia como uma fronteira natural entre as dunas e um viveiro florestal de uma empresa. O fluxo minado na parte inferior do pé do talude da duna moveu a areia, depositando-a em fazendas irrigadas rio abaixo (jusante). Os agricultores, que tentaram desviar o fluxo de areia com diques feitos de areia das duna, só conseguiram transferir o problema para outras fazendas. A situação gerou conflitos entre agricultores e a empresa florestal, uma vez que o fluxo foi desviado do seu viveiro para as dunas.

Quatro linhas de vetiver foram plantadas em linhas de contorno (curvas de nível) na encosta de uma duna de areia, a partir da margem do córrego. Depois de apenas quatro meses, as plantações tinham formado barreiras fechadas e estabilizou o pé da duna de areia. A empresa florestal ficou tão impressionada com este resultado que mandou plantar a grama em massa em outras dunas de areia e até mesmo utilizando-a para proteger um pilar de uma ponte. A grama ainda surpreendeu a população local por sobreviver ao inverno mais frio em dez anos, quando a temperatura caiu abaixo de 10ºC, um período frio que os agricultores foram obrigados a replantar duas vezes seu arroz com casca e Casuarina sp. Depois de dois anos, as espécies locais, como Casuarina sp e abacaxi selvagem restabeleceram-se entre as linhas da Vetiver. Sob a sombra das árvores nativas, a grama se desvaneceu, tendo cumprido a sua missão. O projeto comprova mais uma vez que a vetiver pode resistir a condições muito adversas de solo e climáticas.

Várias questões devem ser consideradas ao abordar a proteção de taludes em dunas:

1. Avaliação e planejamento em conjunto com as comunidades locais é muito importante que uma co nidade pode:
    - Fornecer idéias valiosas durante o planejamento.
    - Contribuir financeiramente.

- Proporcionar trabalho para a implementação.
- Proteger e manter as plantações.
- Benefício de emprego associado com a criação e manutenção do local.

2. Treinamento de pessoas locais: Quando for ensinar a população local sobre a multiplicação de vetiver, plantação e manutenção, fornecer instruções sobre outros usos que vetiver pode oferecer, como: (forragens e artesanato).
3. Propagação: viveiros locais podem ser contratados para propagar a vetiver e fornecer mudas de raízes nuas para a instalação.
4. Manutenção e vigilância: A comunidade local pode monitorar e manter o plantio.
5. Mudança de areias secas, às vezes enterram ou mesmo lavam as ervas jovens, de modo que a manutenção em fases iniciais é importante.

Fotos 14 e 15 - Barreiras comunitárias de vetiver sobre dunas no distrito de Le Thuy e na província de Quang Binh. A Vetiver é igualmente eficaz na redução da tempestade de areia. Para este uso, a grama deve ser toda plantada na direção do vento, especialmente em bebedouros entre dunas de areia, onde geralmente aumenta a velocidade do vento. Este uso foi testado em dunas costeiras do Senegal - foto 16, bem como sobre a Ilha de Pintang, ao largo da costa Leste da China.

Foto 14: Vetiver protege dunas em um resort de praia do Senegal (esquerda) e Pingtang Island, China (à direita) pela erosão eólica. Também faz um quebra-vento para proteger as plantas jovens.

Foto 15: Mostra a forma como a comunidade local, estendeu a prática, com apoio de engenheiros florestais locais. Fevereiro de 2003: As barreiras de vetiver estabelecidas em Outubro de 2002 sobreviveram ao mais frio inverno jamais visto em Quang Binh.

4.2 Aumento da produtividade em solo arenoso e solo salino sódico em condições semi-áridas

Na parte central-sul do Vietnã, Ninh Thuan e Binh Thuan são duas províncias costeiras que compartilham condições peculiares climáticas. Embora ambas estão situados na costa, elas tem uma experiência de condições semi-áridas, com precipitação pluvial anual entre 200-300 mm. Isso resulta em uma extrema escassez de água doce para o cultivo e criação de animais (pecuária).

O solo das dunas costeiras é salino, alcalino e sódico, com um gesso fino compactado (sódico-petrocálcico) logo abaixo da camada arável. A produção agrícola na região é muito limitada, em parte devido às condições de solo pobre (a camada de

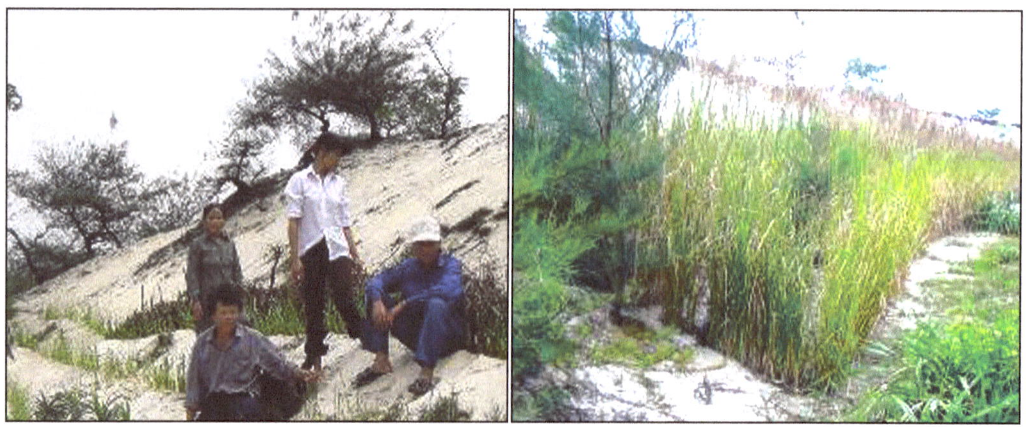

Foto 16: Início de Abril de 2002 - vetiver um mês após o plantio. Nota: A cobertura morta (composto de folhas vetiver) foi colocada acima da linha superior (à esquerda). Meados de Outubro de 2002 (sete meses): Casuarinas voltaram a restabeler-se entre as linhas de vetiver (direita)

gesso efetivamente impede as raízes de penetrar nas camadas mais úmidas embaixo) e em parte pela falta de chuvas. As dunas costeiras também são vulneráveis à erosão do vento e a erosão da água quando chove, por isso rende muito escassa vegetação e forragens para o gado. Estes fatores contribuem para uma extrema dificuldade e pobreza da população local.

De 2003 a 2005, o Professor Le Van Du e seus alunos da Universidade Agro-Florestal de Ho Chi Minh City plantaram Vetiver nesses solos salinos sódicos para determinar se o SV poderia melhorar a produtividade das fazendas de condições desérticas. Eles aprenderam que, uma vez estabelecidas sob irrigação inicial, a vetiver cresceu excepcionalmente bem.

Foto 17: Raízes de Vetiver penetrando barreiras de gesso compactada para explorar águas subterrâneas

Durante os primeiros dois meses, a vetiver cresceu duas a três vezes mais rápido do que qualquer outra cultura, produzindo uma biomassa fresca de 12 toneladas de solos arenosos não-salinos (96% de areia) e 25 toneladas de solos sódicos de álcali. Em três meses, as suas raízes penetraram 70 centímetros, através da camada de gesso compactada, Atingindo a umidade do solo que o milho, uvas e outras plantas locais não poderiam alcançar. Os cientistas notaram uma grande melhoria na fertilidade do solo após apenas três meses, especificamente que sais solúveis e o pH foram significativamente reduzidos. Embora o pH do solo não tenha sofrido alterações após três anos de cultivo da uva, na sequência da instalação de vetiver o pH do solo diminuiu de até 2 unidades da camada superficial até uma profundidade de 1m, e teor de sal dissolvido. A redução do teor de sódio em mais da metade melhorou drasticamente a produtividade das culturas locais, como o milho e a uva.

Foto 18: left: Solo arenoso em seu estado original; direita: o mesmo solo, usado agora para um vinhedo, na sequência da reabilitação utilizando bagaços de vetiver (composto de folhas vetiver).

4.3 Controle da erosão em extremo solos de ácido de sulfato

O desenvolvimento da agricultura e da hidrocultura em uma região de solo ácido de sulfato requer um eficaz e estável sistema de irrigação e drenagem. Os moradores dessas áreas comumente usam o solo local (elevada quantidade de argila, baixo pH, alto grau de toxicidade) para a construção da infra-estrutura, que é suscetível à erosão do solo, porque não pode suportar a maior parte da vegetação. Dado que nas zonas de ácido de sulfato são baixos em topografia e sujeita a inundações anuais, as comunidades locais sofrem extremas dificuldades.

Encontrados em diferentes regiões, os solos compartilham características comuns: extremo ácido de sulfade, pH entre 2,0 e 3,0 na estação seca, e altos níveis de Al, Fe e SO42. O alto teor de argila do solo faz com que o solo se rache como também causa a seca do solo, resultando em grandes buracos que deixam penetrar a água, e causa erosões durante as chuvas e períodos de inundação. Como conseqüência, muito poucas plantas endêmicas podem estabelecer-se e sobreviver durante a estação seca, incluindo aquelas localmente consideradas espécies tolerantes.

A Vetiver estabilizou aterros e controlou a erosão nas margens de canais em cinco sítios localizados de extremos solos ácidos de sulfato no Vietnã: um dique de proteção contra inundações (protegendo um aglomerado de pessoas ou inundações em comunidade de refúgio) na província de Tien Giang, três nas províncias de Long An, e uma na seção de um dique de proteção contra inundações perto de Ho Chi Minh City.

Quando plantadas em polybags, a vetiver prontamente estabeleceu-se em solos de sulfato ácido. Embora as barreiras de vetiver não sobreviveram quando plantadas como mudas de raízes nuas diretamente em solos frescos de sulfato ácido, mais de 80 por cento dos enxertos (adubo) das raízes nuas sobreviveram e cresceram normalmente no mesmo solo,

Foto 19: Antes (esquerda) e depois (direita) da instalação de vetiver em extremos solos de sulfato ácido em um barranco na província de Tien Giang, no Vietnã.

quando uma pequena quantidade de adubo de limão, solo de melhor qualidade, ou esterco (estrume) foi adicionado aos entalhes sulcos.

Os resultados seguintes foram registrados:

- Durante quatro meses, uma vez que foi estabelecido, a vetiver marcadamente reduziu perdas do solo por erosão. As margens desprotegidas do canal perderam solo a uma velocidade de 400-750 t/ha, em comparação com apenas 50-100 t/ha em um dique do canal protegido por vetiver.

- Após 12 meses, perdas de solo tornaram-se insignificantes.
- As Margens estavam totalmente estabilizadas quando as barreiras de vetiver foram cortadas para 20-30cm e os brotos foram utilizados como adubo (composto de folhas vetiver ou cobertura morta) cobrindo a área desprotegida dos bancos (das margens) (Le van Du e Truong, 2006).

4.4 Proteção a inundações em comunidades de refúgio ou aglomerados de gente

Grandes enchentes ocorrem anualmente em várias províncias no Delta de Mekong, no sul do Vietnã. Estas inundações são geralmente de até 6-8m de profundidade e podem durar de três a quatro meses. Como resultado, as casas são inundadas todos os anos a menos que elas estejam localizadas em terrenos protegidas por grandes sistemas de dique. Agricultores de subsistência têm reconstruído as suas casas todos os anos, com grande sacrifício pessoal.

Para superar este problema, os governos locais designaram como inundações ou zonas de refúgio Comunidades Próprias Aglomeradas em terreno relativamente alto, que tem sido reforçado com o solo do terreno circundante. Embora a proteção destas áreas construídas sejam altas o suficiente para escapar anualmente de enchentes prolongadas, seus bancos são altamente erodíveis e submetidos a fortes correntes e ondas geradas durante a época das cheias. As barreiras de Vetiver têm sido altamente eficazes na proteção contra a erosão em inundações nestes aglomerados de pessoas, com benefício adicional de tratar os efluentes (resíduos líquidos de uma enxurrada ou de esgoto descarregado em um rio) e resíduos da água durante a estação seca nestas comunidades.

4.5 Proteção da exploração da infra-estrutura

O SV é amplamente utilizado para proteger infra-estruturas agrícolas, estabilizando barragens agrícolas, diques de hidrocultura, e das estradas rurais, entre outras aplicações. A foto 21 mostra as barreiras de vetiver reduzindo o impacto de uma vala que drena a água da área da fazenda para o rio no período (estação de enchentes) que ocorreu a inundação. Visto que o barranco ameaça também a lagoa de camarão (à direita), as barreiras de vetiver também protegem as margens do lago, em especial na área onde o agricultor drena a água da lagoa para o riacho, este é o lugar mais vulnerável.

A Vetiver estabiliza encostas que fazem fronteira com estradas de terra e rios, evitando deslizamentos de terra nas regiões

Foto 20: Esquerda: Comunidade de refúgio em área de inundação (ou aglomeração de pessoas) no distrito de Tan Chau, na província de Giang; (à direita) o barranco da comunidade de refugiados.

Foto 21: Barreiras de Vetiver protegendo uma lagoa de camarão próxima de um barranco natural que drena a água para dentro de um rio (na província de Da Nang), este modelo foi criado como parte do primeiro projeto de vetiver financiados pela Embaixada Real dos Países Baixos (Holanda) no Vietnã.

montanhosas e erosão nas margens de rios em planícies de inundação. Na Filipinas e na Índia, a vetiver é também amplamente utilizada para estabilizar estreitos diques que separam os campos de arroz em terrenos inclinados.

Isso reforça as plantações próximas destas barreiras e, consequentemente, reduz a largura dos diques, liberando assim mais terras disponíveis para cultivo. Uma vantagem adicional é que o plantio irá fornecer forragem para o gado e búfalo durante a estação seca. PARTE 3 endereços de proteção das margens córrego em mais detalhes.

Foto 22: Barreiras de Vetiver, instaladas em uma comporta de cruzamento padrão, protegendo os diques de uma lagoa de camarão em Quang Ngai.

Foto 23: : A seção a direita da estrada rural em Quang Ngai é protegida por barreiras de vetiver, na seção a esquerda está desprotegida

5 OUTROS USOS

5.1 Artesanato

As comunidades rurais da Tailândia, Indonésia, Filipinas, América Latina e África estão usando folhas de vetiver para produzir artesanatos de alta qualidade, um importante meio de geração de renda. "Artesananto com a Vetiver na Tailândia", publicado pela Rede Vetiver da Costa do Pacífico (1999), é um guia bem prático e bem ilustrado para esse uso. As referências no final desta parte fornecem detalhes sobre como obter este guia

O Conselho Real (família real) de Desenvolvimento de Projetos da Tailândia oferece treinamento gratuito para participantes estrangeiros ensinando como fazer e produzir manualmente os artesanato de Vetiver.

Foto 24: Típicos artesanatos Tailandeses apoiada pelo Conselho Real de Desenvolvimento de Projetos da Tailândia.

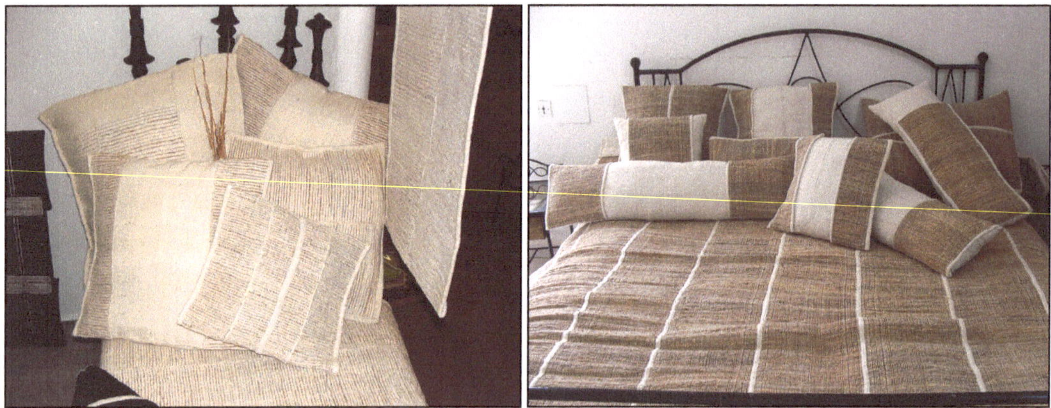

Foto 25: Artesanatos de Vetiver de Mali na África feitos por tecelagem de folhas de vetiver em tecido para "fabricação" de travesseiros e cobertores.

Foto 26: Artesanatos de Vetiver feito por uma cooperativa de mulheres Venezuelanas apoiada pela Fundação Polar.

5.2 Telhado de sapé

As Folhas de Vetiver para sapé duram mais tempo do que Imperata cylindrica, pelo menos o dobro do tempo de acordo com os agricultores na Tailândia, África do Sul e Ilhas do Pacífico, tornando-os particularmente adequados para utilização em tijolos e como telhados (coberturas) de sapé. Usuários relatam que as folhas repelem os cupins.

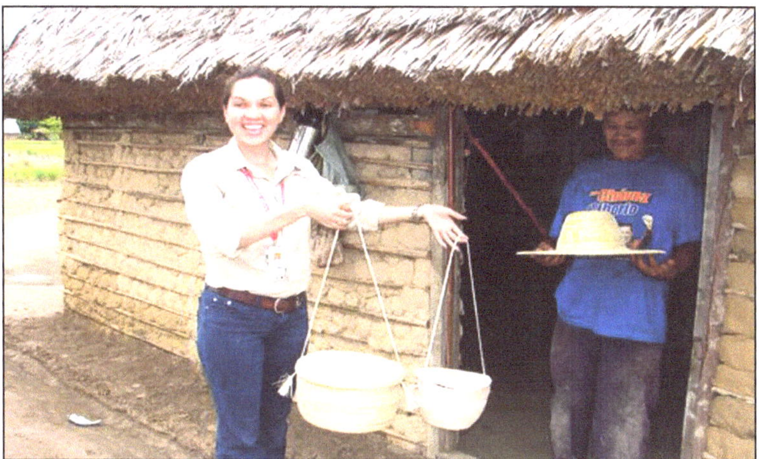

Foto 27: Telhado de sapé (palha) na Venezuela.

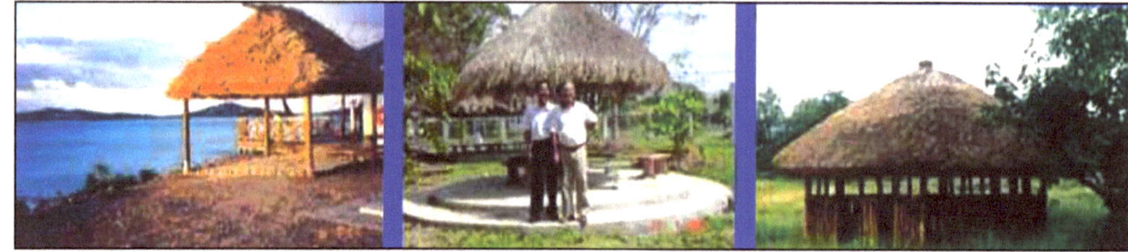

Foto 28: Da esquerda para a direita: Telhados de palha em Fiji, Vietnã e Zimbábue.

5.3 Fabricação de tijolos de barro

A Palha de Vetiver é amplamente utilizada no Senegal, na África, para fazer tijolos de barro que resistem a rachaduras. A construção de habitação na Tailândia usa tijolos e colunas feitas de compostos de argila, no qual folhas de Vetiver foram adicionadas. Estes materiais de construção tem em si baixa condutividade térmica, o que faz com que os resultados da construção sejam confortáveis e eficientes em termos energéticos, bem como um trabalho de base de tecnologia apropriada.

5.4 Cordas e cabos

Os agricultores que cultivam arroz, o principal cultivo do Delta de Mekong, descobriram um outro uso para as folhas de vetiver como cordas para amarrar as mudas de arroz e as palhas de arroz. Eles preferem os cordões de vetiver, porque é flexível e resistente, mais flexível e mais forte do que o da banana, grama do pântano e corda de palma Nipa comumente utilizados.

Foto 29: Esquerda: Vetiver reforça uma estrutura de madeira ao longo de um rio; direita: folhas cortadas de vetiver permite fazer cordão ou corda para amarrar as mudas de arroz.

5.5 Ornamentais

A Vetiver madura tem cabeças roxas clara e sua cabeça de flores e muito bonita, que pode ser usadas como flores de corte, vasos de plantas ou paisagismo em jardins e outros espaços públicos abertos, como lagos e parques.

Foto 30: Barreiras de Vetiver na borda de um lago em um subúrbio de classe média alta (Brisbane, Austrália)

Foto 31: Diferentes aplicações ornamentais na Austrália, China e Vietnã.

5.6 Extração de óleo para fins medicinais e cosméticos

Na África, Índia e América do Sul, as raízes de vetiver são amplamente utilizadas para fins medicinais, que vão desde um resfriado comum até o tratamento de câncer. Uma pesquisa americana confirma que o óleo extraído das raízes da Vetiver tem características anti-oxidante, com aplicações de prevenção e redução do câncer. Na Índia e na Tailândia, curandeiros e praticantes de artes usam o óleo de vetiver extensivamente em aplicações de aromaterapia, por causa dos documentados efeitos calmantes.

Tabela 3: Produção mundial e utilização da composição química do óleo da raiz da Vetiver e aplicações da Vetiver

Óleo da raiz de Vetiver: Óleo de Vetiver U.C. Lavania Instituto Central de Plantas Medicinais e Aromáticas, Lucknov (Índia)	
Produção Anual Mundial do óleo de Vetiver	250 toneladas
Preço estimado do óleo	US $ 80 / kg
Principais países produtores do óleo	Haiti, Indonésia (Java), China, Índia, Brasil e Japão
Grandes consumidores	EUA, Europa (França), Índia e Japão
Principais Usos	Perfumaria (Perfume, Mistura, Fixador), Sabores, Cosméticos, Mastigadores (Trituradores)
As raízes como tal	Múltiplas (numerosas) aplicações de refrigeração

Tabela de aplicações de perfumaria:

- Óleo essencial puro (perfume propriamente dito) - conhecido como Ruh Khus, Majmua. Observe que, devido à solubilidade de óleos em álcoois, rende melhor como fixador e misturador de qualidades.

- Formas diluídas - aromatizantes, refrescante e aplicações de Suavizantes (colônias, águas de colônia).

  Medicamentos de Aromaterapia:

- Cuidados com a pele, Benefícios ao Sistema Nervoso Central (SNC).
- Para hemorragias nasais e trata picadas de abelha.

6 REFERÊNCIAS

Consultoria Internacional Agroalimentar, Março 2004. Integração Gemoplasma, Recursos Naturais, e Inovações Institucionais para Reforçar Impacto: O Caso da Mandioca-baseado na investigação (pesquisas) de sistemas de cultivo na Ásia, CIATPRGA Caso de Estudo e Impacto. Um relatório preparado para CIAT-PRGA.

Berg, van den, Johan, 2003. Pode a Grama Vetiver pode ser usada para gerenciar Pragas em plantações? Terceira Conf. International de Vetiver na China, Outubro de 2003. Email: drkjvdb@puk.ac.za.

Chomchalow, Narong, 2005. Revisão e Atualização do Sistema Vetiver P & D na Tailândia. Resumo para a Conferência Regional sobre vetiver 'Sistema Vetiver: suavização de desastres e proteção ambiental no Vietnã', na Cidade de Can Tho, no Vietnã, realizada em Janeiro de 2006.

Chomchalow, Narong, e Keith Chapman, (2003). Outros usos e Utilização do Sistema Vetiver. Pro. ICV3, Guangzhou, China, Outubro de 2003.

CIAT-PRGA, 2004. Impacto da Gestão Participativa de Recursos Naturais de Pesquisa da Mandioca-Baseado em Sistemas de Cultivo no Vietnã e na Tailândia. Caso de Estudo e Impacto. Projeto apresentado para SPIA, 7 de Setembro de 2004.

Greenfield, J.C. 1989. ASTAG Tech. de Monografias Banco Mundial, Washington D.C.

Grimshaw, R.G. 1988. ASTAG Tech. de Monografias. Banco Mundial, Washington D.C.

Le Van Truong Du e P. (2006). Grama Vetiver para uma agricultura sustentável para solos e climas adversos no sul do Vietnã. Proc. Quarta Conf. Internacional Vetiver na Venezuela, Outubro de 2006.

Nguyen Van Hon et al., 2004. Digestibilidade dos nutrientes do capim vetiver (Vetiveria Zizanioides) dado a cabras criadas na região do delta de Mekong, no Vietnã.

Fundação Japonesa, 2003. Do projeto para "Reforçar a Sustentabilidade da Mandioca - baseado em Sistemas de Cultivo na Ásia". Controle da erosão do solo em fazendas: Sistema Vetiver para exploração agrícola, uma abordagem participativa para aumentar a produção sustentável damandioca. Procedimentos da Oficina Internacional do projeto de 1994-2003 no Sudeste Asiático (Vietnã, Tailândia, Indonésia e China).

Rede Vetiver de Orlas do Pacifico, Outubro de 1999. Artesanatos de Vetiver na Tailândia, orientação prática. Boletim Técnico Nº. 1999 / 1. Publicado pelo Departamento de Promoção Industrial do Governo Real da Tailândia (Gabinete de Projetos de Desenvolvimento do Conselho Real), Bangkok, Tailândia. Para obter cópias, escreva para: A Secretaria, do Gabinete da Rede Vetiver de Orlas do Pacífico, c/o Instituto de Desenvolvimento de Projetos do Conselho Real, Avenida Rajdament Nok 78, Dusit, Bangkok 10200, Tailândia (tel. (66-2) 2806193 E-mail: pasiri@mail.rdpb.go.th

Pham Phuoc H. D., 2002. Usando Vetiver para controlar a erosão do solo e seu efeito sobre o crescimento em terras de cacau. Nong Lam Univ., Ho Chi Minh, no Vietnã. Pingxiang Liu, Chuntian Zheng, Yincai Lin, Fuhe Luo, Xiaaoling Lu, e Yu deqian (2003): Dinâmica de nutrientes Estado de Conteúdo do Capim Vetiver Proc. Terceira Conf. Internacional De Vetiver na China, Outubro de 2003.

Tran Tan Van et al. (2002). Relatório sobre geo-acidentes em 8 províncias costeiras do Vietnã Central - situação atual, previsão por zona e recomendação de medidas corretivas. Arquivo do Ministério de Recursos Naturais e Meio-Ambiente, Hanói, Vietnã.

Tran Tan Van, Elise Pinners, Paul Truong (2003). Alguns resultados dos experimentos da aplicação da grama vetiver contra vendavais de areia, fluxos de areia e controle da erosão nas margens de rios no Vietnã Central. Proc. Terceira Conf. Internacional de Vetiver na China, Outubro de 2003.

Tran Tan Van and Pinners, Elise, 2003. Introdução da tecnologia do capim vetiver (Sistema Vetiver) para proteger zonas irrigadas, áreas propensas a inundações no litoral do Vietnã Central, relatório final, para a Embaixada Real da Holanda, Hanói.

Truong, P.N. (1998). Tecnologia da Grama de Vetiver como uma ferramenta da bio-engenharia para a proteção de infra-estrutura. Simpósio de Procedimentos da Região Norte. Queensland Departamento de Estradas Principais, Cairns Agosto de 1998.

Truong, P.N. e Baker, D.E. (1998). Sistema da Grama Vetiver para Proteção do Meio-Ambiente. Boletim Técnico Nº. 1998/1. Rede Vetiver de Orlas do Pacífico. Gabinete de Projetos de Desenvolvimento do Conselho Real, Bangkok, Tailândia.

Truong, P. and Loch R. (2004). Sistema Vetiver Sistema Vetiver de controle de erosão e sedimentos. Procedimentos de 13 Int. Conferência e Organização de Conservação do Solo, Brisbane, Austrália, julho de 2004.ÍNDICE

www.ingramcontent.com/pod-product-compliance
Lightning Source LLC
Chambersburg PA
CBHW041458280526
45792CB00004B/1051

9781453890127